**Mr. Know All**
从这里，发现更宽广的世界……

Mr. Know All

小书虫读科学

Mr. Know All

十万个为什么
动物为什么下蛋

《指尖上的探索》编委会 组织编写

小书虫读科学
THE BIG BOOK OF
TELL ME WHY

作家出版社

策划出品 悦读名品　图片服务 悦读名品 123RF

或许你曾见过母鸡下蛋、虫儿产卵，但你可能不知道某些鱼类为了产卵在不远万里洄游的路途上历经艰险，抑或某些爬行动物最终的破壳而出其实经历了各种艰辛……很多动物就是这样，靠着下蛋或类似下蛋的方式繁衍出无穷无尽的子孙后代，使物种得以长久地存活在这个地球上。本书针对青少年读者设计，图文并茂地介绍了什么动物会下蛋、什么是蛋、鸟类下蛋吗、两栖动物和爬行动物下蛋吗、鱼类会下蛋吗以及那些不叫蛋的卵的趣事六部分内容。阅读本书，读者或将自行探索出动物为什么下蛋的奥秘。

图书在版编目（CIP）数据

动物为什么下蛋 /《指尖上的探索》编委会编. --
北京：作家出版社，2015.11
（小书虫读科学·十万个为什么）
ISBN 978-7-5063-8478-0

Ⅰ.①动… Ⅱ.①指… Ⅲ.①卵生—青少年读物
Ⅳ.①Q954.4-49

中国版本图书馆CIP数据核字（2015）第278776号

动物为什么下蛋

作　　者	《指尖上的探索》编委会
责任编辑	王　炘
装帧设计	北京嵩嵩国际文化传媒
出版发行	作家出版社
社　　址	北京农展馆南里10号　邮　编　100125
电话传真	86-10-65930756（出版发行部）
	86-10-65004079（总编室）
	86-10-65015116（邮购部）
E-mail:zuojia@zuojia.net.cn	
http://www.haozuojia.com（作家在线）	
印　　刷	北京时捷印刷有限公司
成品尺寸	163×210
字　　数	170千
印　　张	10.5
版　　次	2016年1月第1版
印　　次	2016年1月第1次印刷
ISBN 978-7-5063-8478-0	
定　　价	29.80元

作家版图书　版权所有　侵权必究
作家版图书　印装错误可随时退换

Mr. Know All
指尖上的探索 编委会

编委会顾问

戚发轫 国际宇航科学院院士　中国工程院院士
刘嘉麒 中国科学院院士　中国科普作家协会理事长
朱永新 中国教育学会副会长
俸培宗 中国出版协会科技出版工作委员会主任

编委会主任

胡志强 中国科学院大学博士生导师

编委会委员（以姓氏笔画为序）

王小东	北方交通大学附属小学	**张良驯**	中国青少年研究中心
王开东	张家港外国语学校	**张培华**	北京市东城区史家胡同小学
王思锦	北京市海淀区教育研修中心	**林秋雁**	中国科学院大学
王素英	北京市朝阳区教育研修中心	**周伟斌**	化学工业出版社
石顺科	中国科普作家协会	**赵文喆**	北京师范大学实验小学
史建华	北京市少年宫	**赵立新**	中国科普研究所
吕惠民	宋庆龄基金会	**骆桂明**	中国图书馆学会中小学图书馆委员会
刘　兵	清华大学	**袁卫星**	江苏省苏州市教师发展中心
刘兴诗	中国科普作家协会	**贾　欣**	北京市教育科学研究院
刘育新	科技日报社	**徐　岩**	北京市东城区府学胡同小学
李玉先	教育部教育装备研究与发展中心	**高晓颖**	北京市顺义区教育研修中心
吴　岩	北京师范大学	**覃祖军**	北京教育网络和信息中心
张文虎	化学工业出版社	**路虹剑**	北京市东城区教育研修中心

目录 Contents

第一章 什么动物会下蛋

1. 动物如何繁殖 /2
2. 什么是有性繁殖 /4
3. 什么是卵生，什么是胎生 /6
4. 卵生动物有什么特征 /8
5. 什么是动物的卵 /10
6. 动物的卵子、卵细胞和受精卵是不是一回事 /11
7. 卵生动物的卵有哪些结构 /12
8. 鱼类产卵前有什么征兆 /13
9. 什么是变态发育 /14
10. 什么是卵胎生 /15
11. 孔雀鱼的繁殖方式有什么独特之处 /16
12. 海马的繁殖习性特殊在哪里 /17
13. 卵生、胎生和卵胎生的区别在哪里 /18
14. 鸭嘴兽怎样繁育后代 /20
15. 人类能不能从卵壳里出生 /21

第二章 什么是蛋

16. 卵生动物产卵的过程都一样吗 /24
17. 什么是蛋 /25

18. 鸡蛋是如何形成的 /26
19. 蛋里都有什么 /27
20. 形成蛋壳主要需要什么 /28
21. 蛋壳由什么组成 /29
22. 蛋黄有什么作用 /30
23. 蛋黄为什么是黄色的 /31
24. 蛋系带有什么作用 /32
25. 蛋白有什么作用 /33
26. 为什么鸡蛋壳有不同的颜色 /34
27. 双黄蛋能孵化出两只动物吗 /35
28. 双黄鸡蛋是怎样形成的 /36
29. 有没有多黄蛋存在 /37
30. 为什么蛋通常都是椭圆形的 /38
31. 鸡蛋为什么一头大一头小 /39
32. 目前世界上最大的鸟蛋和最小的鸟蛋分别是什么 /40
33. 下蛋动物每天都下蛋吗 /41
34. 人工可以孵化卵生动物的蛋吗 /42
35. 所有的蛋都能孵化成功吗 /43

第三章 鸟类下蛋吗

36. 鸟类都是卵生的吗 /46
37. 鸟类的繁殖过程是怎样的呢 /47
38. 所有鸟类都会自己孵蛋吗 /48
39. 鸟类的蛋都长一个样吗 /49
40. 为什么有些鸟蛋的蛋壳上会有斑纹 /50
41. 鸟类一般什么时候进行繁殖 /51
42. 鸵鸟怎么下蛋 /52
43. 喜鹊是如何产卵的 /53
44. 乌鸦产卵是怎样的 /54
45. 虎皮鹦鹉的繁殖有什么特别之处吗 /56
46. 体形最小的蜂鸟是如何繁殖的 /57
47. 孔雀开屏是生殖行为还是防御行为 /58
48. 企鹅是如何下蛋的 /59
49. 麻雀是如何繁殖的 /60
50. 没有公鸡,母鸡能下蛋吗 /62
51. 母鸡孵蛋时为什么要坐在蛋上 /63
52. 如何让母鸡下更多的蛋 /64
53. 小鸡是怎么破壳而出的 /65
54. 进入产蛋期的鸭子通常1年可以下多少枚蛋 /66
55. 鹅蛋有什么特别之处 /68

第四章 两栖动物和爬行动物下蛋吗

56. 爬行动物的繁殖方式都是卵生吗 /72
57. 两栖类的繁殖方式都是卵生吗 /73
58. 长寿的海龟在繁殖方面有什么特别之处 /74
59. 壁虎是如何繁殖的 /75
60. 蜥蜴用什么方式繁殖 /76
61. 蛇类的繁殖方式是卵生还是卵胎生的 /77
62. 世界上最大蛇种的繁殖和其他蛇一样吗 /78
63. 人工是否可以孵化蛇蛋 /79
64. 凶猛鳄鱼下的蛋是怎样的 /80
65. 鳄鱼是怎么从蛋里出来的 /81

第五章 鱼类会下蛋吗

66. 鱼类有哪些繁殖方式 /84
67. 鱼类通常一次可以产多少粒卵 /85
68. 鱼类通常在什么地方产卵 /86
69. 鱼类一般在什么时候产卵 /87
70. 鱼类生产前通常是什么样子的 /88
71. 洄游产卵是什么意思 /89

72. 你知道哪种鱼类产卵最多吗 /90
73. 淡水鱼的卵比咸水鱼的卵更容易存活吗 /91
74. 为什么有的鱼类会吃掉自己的卵 /92
75. 鱼类会像其他卵生动物一样需要鱼妈妈孵化吗 /93
76. 为什么鱼类产卵量这么大 /94
77. 鲨鱼会是卵生动物吗 /95
78. 卵胎生的孔雀鱼排卵前有什么征兆 /96
79. 小丑鱼是如何繁殖的 /97
80. 食蚊鱼的繁殖是怎样的 /99

第六章 那些不叫蛋的卵的趣事

81. 青蛙卵和蟾蜍卵有什么不同 /102
82. 青蛙为什么要把卵产在水中 /103
83. 蜂王控制的"孤雌生殖"是什么意思 /104
84. 娃娃鱼是怎样繁殖的 /105

85. 水母是怎样繁殖的 /106
86. 蜘蛛是如何繁殖的 /107
87. 蜗牛是通过无性生殖产卵的吗 /108
88. 昆虫都是卵生的吗 /109

互动问答 /111

天上飞着的鸟儿，地上奔跑的走兽，土壤中蠕动的小虫，海洋里遨游的鱼儿以及无法计数的其他动物，都是地球上的居民。它们世世代代传承，令这颗蔚蓝色的星球充满了生机。各种动物都有着它们自己的生殖方式，使得种族得以繁衍。

　　那么，动物的繁殖方式都有哪些？哪些动物才会下蛋呢？人类为什么不下蛋？让我们进入第一章，一起来探索这些问题的答案吧！

第一章 什么动物会下蛋

1.动物如何繁殖

　　动物繁殖遍布在我们生活的周围。母鸡下蛋、鱼妈妈产卵、狗妈妈生狗宝宝等，这些都属于繁殖。不过，虽然它们都是繁衍生命，但繁殖方式可大不一样。科学家们早早就将这些不同的繁殖方式进行了归类。动物繁殖方式分为有性繁殖和无性繁殖。有性繁殖，顾名思义，需要雌性动物和雄性动物的结合，才能创造新的生命。但无性繁殖就不一样了，有些动物可以不通过与异性的结合也能创造出新的生命。也许你会问，会有这样的动物吗？其实，无性繁殖的确不是特别常见，但我们身边确实存在这样的动物。比如说，蜜蜂便是既可以有性繁殖也可以无性繁殖的动物，蜂王和工蜂结合后的受精卵发育成雌蜂，而蜂王的未受精卵则可以直接发育成雄峰。而草履虫和水螅则是只会无性繁殖的动物。

　　有性繁殖又包括哪些方式呢？有性繁殖主要包括卵生和胎生，当然也有卵胎生，但不是很常见。卵生动物有很多，比如常见的鸡、鸭、鹅和乌龟。胎生动物我们就更加熟悉了。人类作为最高等的动物，就是通过胎生的方式孕育新生命的。

2.什么是有性繁殖

究竟什么是有性繁殖呢?它和我们有着怎样的关系呢?我们都知道狗、兔子和猫等动物都是通过雌性和雄性交配后形成的受精卵在母体内发育成熟后诞生出来的,这种通过雄性动物与雌性动物的结合,创造自己下一代的繁殖方式,被科学家称为有性繁殖。在自然界中,大多数动物繁衍后代的方式都属于有性繁殖,我们人类也是有性繁殖动物大家庭中的一员。

那么，为什么大多数动物选择有性繁殖的呢？这种繁殖方式有没有弊端呢？其实，任何一种事物都有自身的优缺点。有性繁殖之所以被大多数动物所采用，必然有它的优点。有性繁殖使得下一代并不只是单一地继承母亲的基因。因此它们的基因更具有丰富性，有利于更好地适应周边的环境及进化。但它也有自身的缺点，那便是有些良性的基因得不到遗传，优良基因的遗传效率没有无性繁殖高。

"物竞天择，适者生存"，既然选择了某种繁殖方式，那么它一定更加有利于各类物种生活在地球家园之中。

3.什么是卵生，什么是胎生

形形色色的各类物种在地球上一代又一代地繁衍生息，使得人类所赖以生存的地球生机勃勃，绚烂多姿。动物们通过繁衍来创造自己的下一代，虽然动物的个体寿命是有限的，但它们的"子子孙孙"却一直生存了下来。因此，对所有的动物种类来说繁衍都十分重要。

说到繁衍，我们便会想到雄性和雌性。的确，动物的繁殖离不开"爸爸"和"妈妈"。雄性动物和雌性动物通过结合，才能不断地创造后代，以延续整个种族。

其实，动物的每个个体都存在差异，但是万变不离其宗。动物的繁殖有两种最基本的方式，那便是胎生和卵生。胎生是雄性动物和雌性动物结合以后，受精卵发育成熟并由雌性动物生产的过程。繁殖方式为胎生的动物大多是哺乳类动物，常见的有猴、狗、猫、狮、虎和象等。这类动物在

母体内的生长发育主要通过脐带从母体内获取养分,有胎盘,出生时直接生出幼体。

卵生的繁殖方式与胎生的繁殖方式有很大的不同,因为卵生动物的受精卵不是在"妈妈"体内发育的。换句话说,卵生动物的受精卵的成长是在母体外进行的,它们的生长发育所需要的营养由受精卵本身提供。它们以产卵的方式来创造下一代,因此,被形象地称为卵生动物。卵生动物主要包括一般的鸟类、爬行类和两栖类等。我们平时生活中常见的鸡、鸭、鹅、鸽子、乌龟、蛇、青蛙等都是卵生动物。

4.卵生动物有什么特征

卵生一般表现为下蛋或者产卵。在我们的生活当中有很多这样的动物，它们通过自己独特的方式不断地创造出新的生命。卵生动物都有怎样的特征呢？

动物一般分为脊椎动物和无脊椎动物两大类，这两大类中又包括哺乳类、鱼类、鸟类、两栖类、爬行类、昆虫类、多足类等。我们知道，胎生动物从受精卵形成到从母体内诞生出来这一阶段，主要是从母体内汲取生长发育所需要的养分，因此它们的营养来源于母体。但卵生动物就不一样了，它们的胚胎生长发育所需要的营养物质全部来源于受精卵自身，不依靠外界。受精卵的卵黄便是它们的营养来源，它们用自己独有的方式完成了自身胚胎发育的过程。

卵生大家庭中非常具有代表性的便是鱼类了。大部分的鱼类都属于卵生动物，我们都知道鱼类的产卵量一般都很大，它们并不像家禽那样一次产很少的卵。但是鱼妈妈产下的卵由于受到水中各种环境的影响，成活率非常低，所以它们只有大量地繁殖，才能更好地延续自己的物种。

此外，常见的鸟类、爬行类、多足类、绝大多数的昆虫类及哺乳动物中的单孔目（例如鸭嘴兽）都是卵生动物大家庭中的重要成员。

5.什么是动物的卵

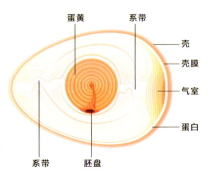

你有没有思考过一个这样的问题,究竟什么是动物的卵,它们有多少值得我们研究和探索的秘密呢?现在我们就一起来学习一下哪些才能被称为动物的卵吧!

一般来说,卵的形状为圆球形或椭圆球形。卵子是指单个已发育成熟的雌性生殖细胞。不同动物的卵的大小差异是很大的,有的可以用肉眼观测到,如鱼卵和青蛙的卵;而有的卵则需要借助显微镜才能观察到,如寄生虫的卵。而我们常见的鸡蛋、鸭蛋或是鸟蛋等都属于卵的一种,而且是比较大的卵。它们具有很高的营养价值,有些蛋中丰富的蛋白质含量能够补充我们所需的营养。因此适当地吃鸡蛋、鸭蛋或鱼子酱等对我们的身体是很有益处的。

既然卵意味着新的生命,那么它的形成过程又是怎样的呢?就拿地球上的最高等动物人类来说,成熟女性的卵巢会排出卵细胞,卵细胞主要由卵细胞膜、细胞核、透明带等物质组成。卵细胞不断成长演变为卵子。一般情况下,女性1个月产生1枚卵子,卵子的存活时间为12~24小时。在这期间,卵子与合适的精子相遇并结合就形成了受精卵。

受精卵在母体当中,接受了母体源源不断的营养输送。进而慢慢地生长,经过复杂的发育过程从受精卵长成胎儿,这个过程通常需要40周左右的时间,然后发育成熟的胎儿由母体娩出,新的生命就来到这个世界上了,人类的生命就是这样一代一代地延续下来的。

6. 动物的卵子、卵细胞和受精卵是不是一回事

动物的卵子是已经成熟的雌性生殖细胞，那么，动物的卵子和卵细胞是一回事吗？实质上它们有很大的区别。卵细胞其实是卵子的幼年时期，卵细胞通过成长便会成为卵子。卵子由雌性动物生成，在经历与雄性动物的精子结合之后，形成新生命的起点——受精卵。所以卵子与卵细胞之间有着密不可分的关系，当然它们的地位也不可替代。我们知道，染色体在动物的体细胞内是成对存在的，并且动物种类不同，其体细胞内的染色体数目通常也不同。而动物形成生殖细胞（精子和卵细胞）以后，染色体的数目则减为体细胞内染色体数目的一半。也就是说，此时成对的染色体分开分别进入不同的生殖细胞中。卵细胞是高度分化的不具有全能性的细胞，而受精卵则没有分化，具有很高的全能性。

就拿我们人类来说，一位发育成熟的正常女性1个月体内通常产出1枚卵子。科学家告诉我们，女性一生当中会产出400～500枚卵子。如果卵子超出了24小时还没有遇到合适的精子，那么它将被排出体外。如果遇到了合适的精子，就形成了受精卵。受精卵在母体的子宫内经过一系列复杂的发育过程成长为成熟的生命个体。

卵子、卵细胞和受精卵之间存在着很大的差异，其成分和作用也差别很大。

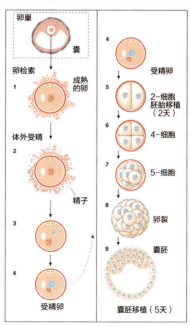

7. 卵生动物的卵有哪些结构

通常我们所说的动物的卵是指卵生动物所赖以繁衍生息的胚胎,鱼类、鸟类、爬行类、两栖类、昆虫类和哺乳类的单孔目都会产卵,其卵的生成有像大多数鱼类那样通过雌性的体外受精的方式而形成的,也有像大多数鸟类那样先通过雌性和雄性的结合,在雌性体内受精后再产出体外孵化而形成的。

卵的外面通常具有一层外被,有的是一层柔软的胶状物质,如蛙类和鱼类的卵;而有的外面则包裹着一层硬壳,这种卵通常被称为"蛋"。蛋与其他卵最大的区别就在于它的外面覆盖着一层具有保护作用的外壳,蛋壳可以分为"硬壳"和"革壳"两种。鸟类的蛋通常都是硬壳的,目前世界上最大的蛋是鸵鸟的蛋,最小的蛋是蜂鸟的蛋。蜥蜴或蛇等爬虫类的蛋,蛋壳像皮革那样有弹性,称为"革壳"。

我们以常见的鸡蛋为例来认识一下卵生动物的卵结构。首先鸡蛋有一层坚硬的外壳,也被称为蛋壳,其主要作用是保护壳内胚胎的安全。与蛋壳相连的物质是一层膜。当我们敲开鸡蛋时,不难发现在蛋壳的内部黏了一层白色的膜,它具有保护、透气的作用。紧接着便是蛋白了,鸡蛋的蛋白我们都非常熟悉,它不但营养丰富,口感也很好。其实,蛋白还有着保护蛋黄的作用。蛋白与蛋黄之间有一条透明色的带子连接,它有固定蛋白和蛋黄的作用。接下来,就是重要的蛋黄了,蛋黄富含蛋白质,为整个生命提供营养。最后,卵中有一个胎盘,它的作用和胎生动物胎盘的作用十分相似,那便是为胚胎提供发育的场所。

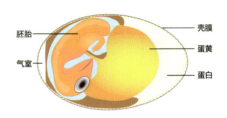

8.鱼类产卵前有什么征兆

卵生动物产卵前有什么征兆？我们平时接触的卵生动物其实有很多，可是它们什么时候产卵，产卵前会有什么与平时不同的征兆，如果不注意，还真是不知道。

母鸡下蛋，这是乡村生活中常见的场景，我们在很多书中、影视作品中经常可以看到。母鸡下蛋前会不停地"咯咯咯咯"叫，但很多母鸡下蛋前是较为安静的，反倒是在下蛋之后才叫。

很多鱼类和母鸡一样都属于卵生动物，但鱼类产卵前的表现和母鸡很不一样，它们产卵前在身体上会有明显的产卵征兆。首先，产卵前雌鱼的腹部会比平时显得更加饱满柔软，甚至会跃出水面。此时我们仔细观察就会发现雄鱼也会变得非常活跃，并且一直尾随着雌鱼到处游来游去，甚至会将雌鱼撞翻。为什么雄鱼会有这样的举动呢？原来，鱼类的受精方式是体外受精，雌鱼所产的卵子需要在体外与雄鱼的精子相结合而形成受精卵。因此，如果雌鱼只是自己产卵，卵子没有与精子相结合，是不可能创造生命的。

9.什么是变态发育

我们常见的两栖类中的青蛙属于卵生动物。它们的受精卵发育成胚胎再到蝌蚪再到幼蛙最后到成蛙,其生活方式和形态结构都会发生很大的变化。在其成长发育的蝌蚪阶段,它们生活在水中,用鳃呼吸,依靠尾巴在水中游泳来运动;而到了成蛙阶段,它们既可以生活在陆地上也可以生活在水中,用肺和皮肤来呼吸,依靠四肢在水中游泳或者在陆地上跳跃。这种在胚后发育过程中,动物的形态结构和生活习性变化很大,幼体与成体间存在着很大差异的发育方式就是变态发育。

在卵生动物大家族中,受精方式为体内受精的昆虫类、鸟类和爬行类中,也存在变态发育的类型,并且更为复杂。除了极少数种类的原始类昆虫外,绝大多数昆虫类的发育都属于变态发育,而昆虫的变态发育和两栖类的又有所不同。常见的蝴蝶、飞蛾和苍蝇等,它们都是从受精卵开始,经过幼虫、蛹和成虫阶段。它们的幼虫和成虫差别非常明显,这样的变态发育方式称为完全变态发育。而像蝗虫、蝉、蟋蟀、蝼蛄等昆虫的发育经过卵、幼虫(若虫)和成虫三个阶段,并且幼虫和成虫之间差别不明显,这样的发育过程则称为不完全变态发育。

蝴蝶发育过程

青蛙的一生

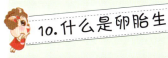

10. 什么是卵胎生

卵胎生既有卵生的特征，也有胎生的特征，是介于卵生与胎生之间的一种动物繁殖方式。因此，科学家将这种繁殖方式命名为卵胎生。

卵胎生动物的受精卵不像卵生动物那样直接排出体外，而是在体内受精后，让受精卵在母体内待上一段时间。在这一段时间内，受精卵在母体内不断发育，直到发育成成熟的新个体之后，才由母体产下来。这类动物发育过程中受精卵仍然是依靠自身卵黄的营养来补给自己的生长发育所需，与母体之间不像胎生动物那样有着直接的物质交换关系，仅仅在胚胎发育后期才会有与母体间的气体交换和非常少的营养联系。这种方式的确介于卵生和胎生之间，它吸收了二者各自的一些优点，也弥补了卵生和胎生的不足之处。所以，卵胎生是某些动物为了更好地适应环境而选择的繁殖方式。

虽然卵胎生吸收了卵生和胎生的长处，但采用这种方式繁殖的动物却并不多。我们平时熟悉的动物，很少有卵胎生的。卵胎生究竟有哪些动物呢？一些鲨鱼，如星鲨、护士鲨、角鲨都属于卵胎生。另外，一部分毒蛇，比如蝮蛇、海蛇，以及某些蜥蜴，如铜石龙蜥等，也是采用卵胎生的方式来进行繁衍和生殖的。卵胎生并不是动物繁殖的主要途径。大多数动物还是采取卵生或胎生的方式来传承生命。

11. 孔雀鱼的繁殖方式有什么独特之处

孔雀鱼作为一种观赏价值非常高的热带淡水鱼类，除了在其斑斓的色彩、绚丽的外表、活泼可爱的性格和优美的体形方面引人注目外，还在其独特的繁殖方式也吸引人们想要对这种不太常见的繁殖方式一探究竟。

孔雀鱼是为数不多的卵胎生鱼类之一。它们的繁殖能力比较强，号称"百万鱼"。幼鱼经过3～4个月时间的生长发育便可以进入成熟期，开始繁殖后代，当然不同地域内的野生孔雀鱼的成熟期也存在差别，而人工饲养的孔雀鱼的成熟期也因饲养条件和水温高低的差异而有所区别。

孔雀鱼发育成熟，进入生殖繁育阶段前，雌鱼通常喜欢安静地待在比较隐蔽的角落里，脾气也变得有点暴躁，甚至会上蹿下跳。它们的身体也会发生一些变化，雌鱼的腹部开始膨胀隆起，在肛门上部的肚皮处，会有一些斑块逐渐由黄变黑，斑块的颜色变黑的程度越深说明雌鱼越接近排卵。孔雀鱼排卵前雌鱼的肛门会越来越突出，这时雄鱼就展开漂亮的尾部，如同孔雀开屏般地吸引雌鱼的注意，并形影不离地追逐着雌鱼，尝试用交接器钩住雌鱼的泄殖孔以排出精子进行体内受精。完成体内受精后，受精卵就在雌鱼的体内发育成小鱼后再产出。

12. 海马的繁殖习性特殊在哪里

海马，是我们所熟知的动物。科学家们说海马的繁殖很特殊，那么它们究竟特殊在哪里呢？现在就让我们一起来了解一下海马繁殖的秘密吧！

海马的生育的确十分特殊。在雄性海马的身上有一个部位叫作育儿囊。雌性海马在产卵期时，会通过凸起的乳头连着雄性海马的育儿囊，从而将卵子输送到雄性海马体内。随后，雄性海马会排出精液，这样雌性海马的卵子就会与雄性海马的精子相结合。也许你看到这里会想，这有什么奇怪的呢？其实，它们之间的关系和很多动物都相反，雌性海马完成了输送卵子的过程，它的任务就暂时结束了。接下来照顾卵，以及生产宝宝的任务就交给雄性海马了。到了一定的时候，雄性海马会将自己的尾部蜷缩在海藻之上，看起来就像生病了一样。其实它们是准备生产了，当雄性海马仰起的时候，它的育儿囊内就会喷出小海马。在繁殖过程中，雄性海马承担了很大的任务。

13.卵生、胎生和卵胎生的区别在哪里

在复杂多样的自然界中,动物按繁殖后代的方式基本上可以划分成两种——卵生和胎生。但还有一种繁殖方式介于二者之间,那便是卵胎生。现在,我们就来了解一下这三者有什么不同吧!

首先,它们的发育方式不同。胎生繁殖是受精卵在雌性体内发育成熟并由其生产的过程,胎生动物大多是哺乳类动物,我们人类就属于胎生动物。而卵生动物则相反,它们可不是在妈妈"肚子"里发育的,而是在妈妈体外成长的。

其次，它们的营养来源不同。卵生动物产卵后，胚胎吸收由卵黄提供的营养，继而不断发育至孵化成形，最后破卵而出。胎生动物主要是通过胎盘和脐带从母体获得氧气与营养物质，直到动物在母体子宫内发育产出。

最后，不同繁殖方式的受精卵大小也是不一样的。一般情况下，卵生动物的受精卵比胎生动物的大一些，胎生动物的受精卵体积通常很小。

卵胎生又称为"半胎生"或"伪胎生"，这种繁殖方式的动物的卵在其母体内发育为新个体后才从母体中产出，其发育时所需的营养，仍依靠自身所储存的卵黄，不从母体中摄取养分。当然，地球上大部分的动物都采用卵生或者胎生，卵胎生动物很少。卵胎生的代表性动物，有生活在海底遨游的锥齿鲨、星鲨和在陆地上穿梭的蝮蛇、铜石龙蜥等。

14. 鸭嘴兽怎样繁育后代

鸭嘴兽并不是我们日常生活中常见的动物，但它们繁育下一代的过程，却十分值得我们了解。那么，我们现在就来了解一下，鸭嘴兽是怎么创造自己下一代的吧！

首先我们来了解一下鸭嘴兽究竟是什么动物。鸭嘴兽是非常原始且比较低等的哺乳动物，非常稀有。它们全身都长着短短的毛。因为它们的脚掌像鸭子的脚掌那样有蹼，并且它们嘴巴的形状也十分像鸭嘴。因此，被形象地称为"鸭嘴兽"。鸭嘴兽既然是哺乳动物，那么它们的生殖方式是怎样的呢？

也许你会说，哺乳动物一般都是胎生动物，那么鸭嘴兽也应该是胎生的。但实际上，鸭嘴兽是卵生动物，它们能像鸟类和爬行类那样由雌性将卵产出，再将卵孵化出来。鸭嘴兽一般会将卵产在巢穴中，每次产卵的数量一般为2～3枚。但跟鸟类和爬行类不同的是，鸭嘴兽幼崽被孵化出来之后，鸭嘴兽妈妈能够给孩子哺乳，这点也是鸭嘴兽奇特之处。鸭嘴兽的哺乳期通常在5个月左右，2岁的鸭嘴兽就算成年了，它们的正常寿命一般是10～15年。

科学界对于鸭嘴兽进行了认真的分析研究，将鸭嘴兽归进了卵生动物的行列中。为什么会出现这样的现象呢？这是因为它们在地球上繁衍生息的2500多万年的漫长岁月里，物种自身不断演化和自我选择的结果。

15. 人类能不能从卵壳里出生

在带有神话色彩的中国古代地理学著作《山海经》一书中，记录过一个被称为卵民国的神奇国度，在那里人们可以产卵并且从卵中孵化而出。那么现实生活中人类能不能从卵壳里出生呢？

母亲通过十月怀胎，为我们提供了生命最初的生长发育场所及各种营养来源，经过在母亲的子宫内 40 周左右的幸福时光，一个个生命离开母体来到这个世界上。为什么人类要选择这种方式来繁衍下一代呢？为什么不能像鸟儿一样，在产下蛋之后，让孩子自己获取蛋内的营养，从而破壳而出呢？

物竞天择，适者生存。不同的物种种类在漫长的进化过程中，演化发展出不同的生命存在方式和生殖养育技能。在生命漫长的进化过程中，为了更好地生存，需要不断地进化自己，才能长久地生存在地球家园中。人类胎生、哺乳繁衍后代的方式当然是人类在进化发展过程中，物种自主生存技能的创新和选择的结果。同样，卵生动物之所以选择卵生的生命延续物种生存方式，也是物种进化的结果。

那么，人类能不能从胎生转变成为卵生呢？有没有可能实现人类卵生的科学技术呢？这是一个相当复杂的科学命题，有待科学界进一步去探究。

　　在英文中,并没有卵蛋之分,egg这个词被用来指某些动物由卵细胞发育成的借以繁殖传代的物质。在中文中,这个词被翻译为卵或者蛋。人们习惯上把鸟、蛇、龟等动物所产的卵叫作蛋,其他动物的卵依旧叫作卵。

　　那么,为什么人们把鸟、蛇、龟类的蛋叫作蛋呢?蛋和卵有什么区别?蛋的结构有哪些?人工可以孵蛋吗?我们最常见的鸡蛋为什么一头大一头小?一起来看看什么是蛋吧!

第二章 什么是蛋

16.卵生动物产卵的过程都一样吗

在众多的卵生动物当中,每种动物的产卵过程都是一样的吗?下面就让我们通过比较鱼类与禽类动物的产卵过程来解决这一问题。

就拿鲫鱼来说,鲫鱼的产卵期在各地都不同,比如在南方的产卵期是2~3月;在东北地区的产卵期是6~7月,产卵的周期一般都维持2个月。当然,因为气候的不同有时也会影响鱼类的产卵周期。

鱼类大多数是体外受精的,这种繁殖方式就是由雄鱼和雌鱼各自将精子和卵子排出体外,然后在水中进行结合,从而产生鱼的受精卵,再孵化出小鱼。通常鲫鱼会把卵产在水中的石头或者水草上面。

再说禽类,以我们常见的鸡为例。鸡的产卵方式称为下蛋,与鱼类不同的是鸡是体内受精的动物,公鸡和母鸡交配后所产生的受精卵就是受精鸡蛋,而鸡蛋是在母鸡的体内形成的,它们不都是受精蛋。

由此可见,不同种类的卵生动物,无论产卵的方式还是产卵的过程都是不一样的。

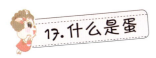
17. 什么是蛋

对于蛋的准确解释是，蛋也称卵，是鸟类、两栖类和爬虫类等卵生动物所产的覆盖着一层硬质外壳的卵。蛋在受精之后可以孵化出小动物。例如鸡蛋、鸟蛋、鳄鱼蛋等。

蛋的构成从外到内依次是蛋壳、蛋白和蛋黄。蛋壳有硬壳和革壳两种，蛋壳下皮内呈半流动的胶状物质就是蛋白，蛋黄则通常位于蛋白的中央，蛋黄内有胚盘。蛋壳是胚胎外面包裹着的一层防水的壳，而且这层壳上带有很多微小的气孔，新生命在适宜的温度下会孵化并破壳而出。如果没有蛋壳上遍布的这些气孔，蛋里面的动物胚胎就不能够正常呼吸，所以这些微小的气孔是卵生动物孵化的关键。

卵生动物所产的蛋中也有一些里面是没有胚胎的，这些蛋就是未受精的蛋。未受精的蛋也是能够被生下来的，但是这类蛋不能孵化出新生命。鸟类都会定期地产卵，如果在产卵期，鸟类没有受精，那么它们生下来的蛋是不能孵化出小鸟宝宝的，通常情况下我们在超市里买到的禽类的蛋大都是没有受精的蛋。

18. 鸡蛋是如何形成的

鸡蛋的形成是一个复杂的过程，母鸡产下的蛋与卵细胞有着密切的联系，但是卵细胞并不等于鸡蛋。在这里不得不提到母鸡的生殖系统，母鸡的生殖系统主要由两大部分构成——卵巢和输卵管。卵巢又分为漏斗部、膨大部、峡部、子宫部和阴道部等部分。

鸡蛋的形成过程分为以下几步。

首先，卵黄在漏斗部形成，由卵巢排出的卵黄被漏斗部接纳，一个鸡蛋的形成便是从这里开始的。那么卵白是从哪里来的呢？卵白由母鸡的膨大部产生，而膨大部的前端产生稀蛋白，后端产生浓蛋白，两者合在一起就形成了卵白。如果母鸡的这个部位发生了病变，导致分泌紊乱的话，就会造成蛋白过于稀薄或者过于浓稠，这样的鸡蛋是不可以吃的。

其次是峡部和子宫部，峡部是形成蛋壳内外膜的地方，简单来说峡部就是鸡蛋的"加工坊"，卵黄和卵白在这里被内外膜包裹住，蛋的形状便在这里形成了。而子宫部是孕育蛋的地方，一颗鸡蛋形成到这一步已经初步成为了较完整的蛋，蛋壳是在这里形成的。假如母鸡的子宫部病变了，就会导致蛋壳形成失败，于是就可能会出现软壳蛋或是没有壳的蛋。

最后是输卵管，卵细胞经过一系列的"努力"成长，终于变成鸡蛋，再通过母鸡的输卵管排出体外，如果鸡蛋是受精的鸡蛋，被母鸡排出体外经过 21 天的孵化期就可以孵化出小鸡。

19. 蛋里都有什么

一个蛋大体上是由蛋壳、蛋白和蛋黄三个部分组成的；从微观的角度来说，蛋里有哪些成分呢？

首先，蛋壳的主要成分是碳酸钙，以及少量的碳酸镁、磷酸钙和胶质。蛋壳由内到外分别是两层壳下膜、真壳和一层外蛋壳膜。两层壳下膜主要是由角质蛋白和一些糖类组成的，以碳酸钙为主要成分的是真壳，而最外层的保护薄膜，对蛋的孵化起到至关重要的作用，它能够阻止细菌的进入，保持蛋的水分和营养等。所以要用于孵化的蛋千万不能用水冲洗，否则保护薄膜被冲走的话，蛋可就不能孵化了。

其次，是蛋白部分，大家都知道蛋白是呈黏稠状的，它是一种包裹着蛋黄的胶体，这种胶体的主要成分是由多种蛋白质构成的，其中以糖蛋白质为主。此外，蛋白中还含有一定量的生物素、核黄素、尼克酸、铁、钙和磷等物质。当温度加热到75℃左右时蛋白就可以凝结。在蛋孵化的过程中，蛋白中的蛋白质可以给胚胎提供营养。

最后是蛋黄部分，蛋黄主要是由卵黄磷蛋白和卵磷脂组成的，含有丰富的维生素、类胡萝卜素、叶黄素及钙、铁和磷等微量元素。蛋黄的凝结温度比蛋白低，大约是65℃。

20. 形成蛋壳主要需要什么

蛋最初的形态是一枚卵，而受精的卵在动物妈妈的子宫里面经过一系列的发育过程，会成长为完整的可以孵化出小动物的蛋。蛋壳的形成主要需要什么呢？

蛋壳的形成主要需要大量的钙。那么动物蛋的形成所需要的钙主要是从它们的食物当中摄取来的，还有一部分来自动物的骨骼组织。动物们摄取了饲料等食物中的钙质，钙质再循环到它们的血液当中，这就为蛋壳的形成提供了大量的钙。在动物产蛋期间如果吸收的钙不足量，会直接影响蛋壳的形成和产蛋量。

有了充足的钙，蛋壳就可以逐步形成了，蛋中的一种名为OC-17的蛋白质是蛋壳形成的催化剂，这种蛋白质与碳酸钙结合，会形成一个核，碳酸钙不断地向这个核靠拢，等这个核变得足够大时，这种蛋白质又与其分离，和其他的碳酸钙结合，形成另一个核。这样的结合与分离的过程不断循环，一步步环环相扣，就形成了坚硬的蛋壳。

21.蛋壳由什么组成

蛋壳并非只有我们肉眼看到的一层硬硬的外壳,它是由三部分组成的,分别是外蛋壳膜、石灰质蛋壳及壳下膜。

蛋壳的第一个组成部分是外蛋壳膜。外蛋壳膜是蛋壳的表面所覆盖着的一层薄薄的保护膜,它是不透明且无结构的,是我们凭借肉眼所看不见的。这种蛋壳膜的主要作用是保护蛋,防止蛋的水分蒸发和蛋在孵化的过程中有细菌侵入导致蛋受到感染到而不能成功地孵化。

蛋壳的第二个组成部分是石灰质蛋壳。它是蛋壳的主要组成部分,其主要成分是碳酸钙($CaCO_3$)。这些碳酸钙占整个蛋壳构成的93%左右,并且均匀地分布在壳下膜之上。蛋壳的厚度通常在270～370微米,用微米作为单位的东西当然是很小的,所以蛋壳其实是很薄的一层。除了碳酸钙,蛋壳中还含有一些其他的微量元素,无机物包括碳酸镁、磷酸钙和磷酸镁。有机物主要是胶原蛋白质、水分和少量的脂质。

蛋壳的第三个组成部分是壳下膜。它又分为蛋壳内膜和蛋壳外膜两层,两层膜之间的空间被称为气室,主要位于蛋的大头部位,其作用在于帮助蛋内外的气体交换。蛋壳内膜的结构呈网眼状,比较大,与其相反,蛋壳外膜的结构则是紧密的,和外蛋壳膜的作用相同的一点是,它们都能保护蛋不受细菌感染。此外,它们还可以使得空气从这两层薄膜中自由地通过,以利于蛋呼吸。

看来,这小小的不起眼的蛋壳中也包含着大大的学问,有不少值得我们探寻的科学知识呢!

22. 蛋黄有什么作用

对于我们的身体十分有营养的蛋黄对于蛋的孵化作用也是非常大的，小生命们也是靠蛋黄才能生长发育起来的。

蛋黄是为蛋提供营养并供其孵化的物质。蛋黄通常呈不透明的油质乳状，外面覆盖着一层薄而透明的膜，也就是卵黄膜。蛋黄的体积通常占整枚蛋体积的30%左右。也许你会问了，既然如此，那么蛋黄究竟会发育成小动物的哪一部分呢？其实不然，蛋黄不会发育成小动物的任何一个部分，能够发育成小动物的是蛋黄上的一个淡淡的小白点，这才是蛋中的胚胎，小动物便是由受精的胚胎（也称作胚盘）发育而来的，而蛋黄内未受精的胚胎则被称为胚珠，蛋黄只是储存营养所在的场所。蛋黄中含有大量的卵黄磷蛋白、卵磷脂，还有大量的水分和铁、钙、磷、硫等矿物质，以及各种维生素等。

会存在没有蛋黄的蛋吗？答案是肯定的，如果动物妈妈在生蛋的过程中受到了惊吓，导致本来发育成熟的卵黄落入了腹腔中而非漏斗部，这样生出来的蛋就没有蛋黄了，而这种蛋是不完整的"异形蛋"，是不能孵化出小动物的。所以，蛋黄在蛋的孵化过程中起着至关重要的作用。

23. 蛋黄为什么是黄色的

蛋黄之所以呈现黄色，是因为它里面含有大量的核黄素，也就是我们平时所说的维生素B_2。除了核黄素外，蛋黄里还含有两种会使其呈现黄色的物质，就是叶黄素和玉米黄素，这两种物质都属于胡萝卜素，主要存在于玉米等植物当中。它们有过滤紫外线、防止眼睛老化的功效。

蛋黄并不都是同一种颜色的，有些蛋黄的颜色比较浅，而有些蛋黄的颜色则比较深，这与动物们摄取的食物中叶黄素和玉米黄素的含量有关。当产卵期的雌性动物吃了叶黄素和玉米黄素含量较高的食物后，就会产出蛋黄颜色较深的蛋，反之产出蛋黄颜色较浅的蛋。

24. 蛋系带有什么作用

说到蛋，我们总能联想起蛋壳、蛋黄和蛋白，却很少会听到"蛋系带"这个词。其实，细心观察的话，蛋系带是可以看见的。例如，当我们把一个生鸡蛋打入碗中时，会发现在蛋黄和蛋白之间存在着两根细细的、白色的系带，这就是我们通常所说的蛋系带。

蛋系带，就是在蛋的内部起连接作用的系带。蛋系带并不能将蛋黄中的养分传送给胚胎。在蛋的孵化过程中，如果受到震荡，蛋系带能把蛋黄牢牢地固定在蛋的中央，保证胚胎在发育的过程中拥有相对稳定的"水"环境，进而起到减震、保护的作用，正是因为有了这两根蛋系带的存在，所以轻微的震荡和挤压是不会导致蛋黄变形或破裂的。

特别要提到的是，蛋系带完全没有任何输送养分的功能，仅仅只是两根用于连接蛋黄和蛋白的纽带，它们分别固定在蛋黄的两侧，也是蛋白的一部分，同时还是一种十分优良的蛋白质。蛋系带中含有一种叫作涎酸的成分，这种成分具有抗氧化的作用。如果蛋的保存时间过长的话，蛋系带的弹性就会逐渐变弱，并且慢慢与蛋黄脱离。

25. 蛋白有什么作用

蛋壳保护蛋不受细菌入侵，蛋黄为胚盘提供营养，蛋系带用于固定和保护蛋黄。那么，蛋白在蛋的孵化过程中起什么作用呢？

其实蛋白和蛋壳的作用一样，主要都是保护蛋中的胚盘的蛋白具有一定的黏度，这样就会使得进入蛋中的细菌的移动速度变慢，而且蛋白有一定的厚度并距离蛋黄有一定的距离，使得微生物不能直接进入蛋黄内。

从生物和化学的角度来看，蛋白其实具有两方面的作用，首先是为胚胎提供营养，保护胚胎，是一种缓冲剂；其次蛋白具有抗菌作用。蛋白的抗菌作用表现为，一些细菌虽然可以在蛋白中存活却只能存活很短暂的一段时间。例如新鲜的生鸡蛋对很多种细菌都有抑制作用，比如金黄色葡萄球菌、痢疾志贺氏菌和酿酒酵母这些细菌都能够被蛋白所抑制。蛋白为什么可以抑菌呢？一是因为蛋白中含有一种叫作"溶菌酶"的东西，它是一种抗菌物质；二是由于蛋白的 pH 值是弱碱性的，也有一定的杀菌作用。

26. 为什么鸡蛋壳有不同的颜色

鸡蛋的颜色，有时是白色的，有时是青绿色的，还有时是褐色的。那么鸡蛋壳究竟为什么会呈现出多种颜色呢？

鸡蛋壳之所以带有颜色，主要是由母鸡蛋壳腺中的氨基乙酰丙酸合成的一种色素卵壳卟啉决定的。鸡吃的食物不同，或多或少也会对其所产蛋的蛋壳颜色有一定的影响。

遗传基因方面的因素也会对鸡蛋壳的颜色产生一定的影响，如果母鸡的品种不同，其所产蛋的蛋壳颜色也就不同。比如，白壳蛋鸡生出来的蛋通常是白色的，褐壳蛋鸡生出来的蛋通常是褐色的，在南美洲还有些种类的鸡所产蛋的蛋壳是蓝色或者绿色的。不同品种的鸡互相杂交后生出来蛋的蛋壳颜色自然是不一样的，褐壳蛋鸡与白壳蛋鸡杂交，后代产生了颜色较淡的褐色壳的蛋。

母鸡体内的病变也会使蛋壳的颜色发生变化。由于母鸡体内病变，导致母鸡的输卵管充血或损坏，从而分泌了一些有色物质，比如血液，使生出来的鸡蛋蛋壳是深褐色的。如果给母鸡服用药物，药物也会干扰蛋壳色素的形成。

此外，母鸡的年龄也是影响蛋壳颜色的一个因素。当然，还有一些未知的原因也能够使蛋壳颜色深浅不一。

27.双黄蛋能孵化出两只动物吗

理论上,如果一枚双黄蛋中,两个蛋黄里的胚胎都能成功受精的话,那么双黄蛋是可以孵化出两只小动物的。不过,经过科学家的研究和实验,证明了双黄蛋很难孵化成功。

因为一枚蛋的营养只够一只小动物孵化,如果有了另一只小动物的存在,那么蛋白不够,其存活率就比较低,小动物会因为缺乏营养胎死蛋中;其次由于一枚蛋没有足够的空间容纳两只动物宝宝,在狭小的空间中,过于挤压,会造成胚胎缺氧、畸形的情况,或者因为蛋内没有足够的空间让两只动物宝宝转身去啄开蛋壳,导致它们不能成功地破壳而出。

双黄蛋孵化成功的概率是很低的,很多可怜的小动物还没有成形就死在蛋中了。从人文的角度出发,我们不提倡孵化双黄蛋。

28.双黄鸡蛋是怎样形成的

双黄蛋通常比正常的蛋要大一些，蛋壳也更加坚固。它的形成是由于母鸡体内两个卵细胞同时成熟并一起脱离，在输卵管中相遇，然后被蛋白和蛋壳所包裹，便形成了双黄蛋。其实，双黄蛋的形成表明了当时母鸡的生殖系统运行得不正常。母鸡异常的卵巢活动，导致同一时间内有两个卵细胞成熟，但双黄蛋本身是健康而且有营养的，可以放心食用。

还有很多种因素会导致母鸡生产出双黄蛋。首先是因为在母鸡的青年时期，内分泌十分旺盛，会使排卵的诱导因素分泌过多，于是产生了两个卵细胞；其次是因为遗传基因，一般情况下，上一代常生双黄蛋的母鸡的下一代也容易生出双黄蛋；最后是病理方面的原因，大多数情况是因为母鸡在待产期间受到惊吓，在胡乱逃窜中，压迫到了腹部，导致两个或多个卵黄移出，也就有可能形成双黄蛋或多黄蛋。

29. 有没有多黄蛋存在

双黄蛋已经很稀奇了，还有种鸡蛋叫多黄蛋。多黄蛋，即有三个或三个以上蛋黄的蛋。其实，多黄蛋和双黄蛋的形成是同样的道理，到了排卵期，动物妈妈的内分泌变得非常旺盛，这时可能会有多个卵子同时形成或者是因为动物妈妈的输卵管蠕动收缩不明显，使得卵黄滞留在输卵管当中，结果第二次、第三次甚至第四次排卵期排出的卵黄赶上了第一次滞留的卵黄，导致出现一枚蛋有多个蛋黄的情况。

所以，多黄蛋是可能存在的，它和普通蛋在外形上有较大差异，一般普通蛋都是有一个大头和一个小头的，而多黄蛋却没有这样的特征，因为蛋壳内含有多个蛋黄，所以很难分清多黄蛋的大头和小头。

我们偶尔能看到关于三黄蛋、四黄蛋及八黄蛋的报道，甚至还有蛋中蛋的报道。现实生活中双黄蛋产生的概率已经不大，而多黄蛋的出现概率则更是微乎其微，因此多黄蛋非常罕见。有人认为多黄蛋是一种变异的蛋，不能吃。其实，多黄蛋仅仅是含有多个蛋黄的蛋，除了不能用于孵化外，和普通的蛋没有什么区别，只要没有变质，也是可以正常食用的。

30. 为什么蛋通常都是椭圆形的

蛋之所以是椭圆形的，是因为圆滑的形状能够减轻动物妈妈们在生产时的痛苦，想象一下要是蛋有棱有角的形状，动物妈妈们在生产的时候该有多么痛苦啊！其次，椭圆形是一种比较稳定坚固的结构，这样使得蛋在产出的时候不容易破碎。

蛋的形状一般是一头大一头小的椭圆形而不是正圆形，蛋的形状受到地球引力的影响，同时也受到动物妈妈在产蛋时产道挤压的影响，最后的形状是椭圆形的。

31. 鸡蛋为什么一头大一头小

把一枚鸡蛋拿在手上，我们会发现它并不是一个匀称的椭圆体，而是一头大一头小。为什么鸡蛋的两端会大小不同呢？我们知道，在鸡蛋的形成过程中，最先形成的是蛋黄，蛋黄上有胚胎，蛋黄逐渐成熟之后再进入输卵管，接着不断向下移动至膨大部，膨大部再分泌蛋白质形成蛋白，经过一段时间又被挤入到峡部，开始形成壳膜，最后则被压进子宫形成蛋壳。

鸡蛋在形成的过程中，为了能不断地向下移动，母鸡的输卵管是不断蠕动着的，输卵管主要由平滑肌组成，鸡蛋在向下移动的过程中同时被富有弹性的平滑肌所挤压，在这两个外力的同时作用下，鸡蛋便形成了一头大一头小的形状。

最后要提到的是，输卵管将鸡蛋挤压成一头大一头小的形状，便于鸡蛋在输卵管中顺利地移动，使母鸡减少生产时的痛苦，同时也有利于小鸡的孵化。鸡蛋的大头里面有一个气室，小鸡的头部也在大头这一端，在快要破壳而出之前小鸡会把头部伸进气室里进行呼吸，然后再啄破蛋壳。这时候，鸡蛋小头的壳就是小鸡的支撑点，如果鸡蛋过圆或者是太长，都会给小鸡啄破蛋壳带来很大阻力。

鸵鸟蛋　　　　　蜂鸟蛋

32. 目前世界上最大的鸟蛋和最小的鸟蛋分别是什么

在数量巨大的卵生动物大家族中，不同种类的卵生动物所产的蛋也是千差万别的，它们有大小之分，也有颜色的差异，还有常见的蛋和珍稀的蛋。那么世界上最大的鸟蛋和最小的鸟蛋分别是什么？热爱科学的你一定会对这一问题十分感兴趣。

要寻找这个问题的答案，首先我们要去了解一下世界上最大的鸟类和世界上最小的鸟类分别是什么。鸵鸟是世界上体型最大的鸟类。长长的脖子和肥硕的身姿是它们的典型特征，如此巨大的鸟类所产下的蛋当然也是世界上最大的鸟蛋了，一枚鸵鸟蛋的重量通常在 1.5 千克左右！鸵鸟蛋还是一种"厚皮"的蛋，为什么这么说呢，因为它的蛋壳厚度接近 2 毫米，这么厚的壳完全可以支撑一个人的重量了。其实，在公元 1660 年前，世界上还有一种比鸵鸟的体形还要庞大的鸟类，它们的名字叫象鸟，主要生活在马达加斯加地区。象鸟的鸟蛋非常大，通常重量在 9 千克左右，可惜的是，这种鸟在很久以前就已经灭绝了。

目前世界上最小的鸟蛋则是来自一种叫作蜂鸟的鸟类，它们主要生活在南美洲地区，是世界上最小的鸟类，也是唯一可以向后飞行的鸟类，是 300 多种蜂鸟的总称。在众多蜂鸟种类中，体形最小的要数吸蜜蜂鸟了，它们是当之无愧的世界上最小的鸟，重约 1.8 克，身长在 5 厘米左右，它们的蛋只有豌豆粒大小，一般重 0.5 克左右。

33. 下蛋动物每天都下蛋吗

也许你会看见家养的母鸡每天都会下蛋，因为成年的母鸡每隔25小时就产1次蛋，这种蛋大多是没有受精的，所以也不能用于孵化。母鸡大约长到21周大的时候开始产蛋。从这时候开始母鸡的产蛋率会不断地上升，直到达到一个高峰期，而这个高峰期通常出现在母鸡28周大的时候，等到高峰期过去，母鸡的产蛋率又会开始下降。大约在母鸡72周大的时候，就会停止产蛋，开始变成老母鸡了。

鸡是卵生动物当中产蛋比较频繁的动物，有没有1年只产1枚蛋的卵生动物呢？当然有，那就是生活在南极的帝企鹅。南极在4月开始就进入冬季了，帝企鹅妈妈是在5月左右开始产蛋，憨厚可爱的帝企鹅不仅1年只繁殖1次，而且1次只产1枚企鹅蛋。

除了鸡和帝企鹅外，还有很多每天产蛋或是1年只产1次蛋的卵生动物，每种卵生动物的产蛋周期都是不同的。

34. 人工可以孵化卵生动物的蛋吗

在科学发达的今天,人们早已研究出人工孵化蛋的方法。人工孵化就是模拟最真实的孵化环境,利用孵化机科学地孵化动物,这项技术能够使孵化率和工作效率都大大提高。那么人工究竟如何孵化蛋呢?

第一是要选择新鲜且品质出众的种蛋,这是人工孵化卵生动物的蛋的第一步,也是人工孵化的前提和重要保障。第二是要对种蛋做好保存和消毒工作,确保孵化出的雏禽健康优质。第三是要保持孵化环境内适宜的温度和湿度,以保证胚胎能够正常发育,提高孵化质量和孵化率。蛋孵化的适宜温度通常为35～40.5℃,人工孵化时的温控标准与卵生动物的种类、种蛋的大小、所使用的孵化机类型及孵化的季节关联密切。湿度则根据孵化的进程有所改变,所以需要随时调整。第四是要保持环境通风换气。第五是要经常翻蛋,使待孵化的蛋受温均匀,才能确保胚胎成功孵化。第六是要晾蛋,这样做可以适当降低其温度。

人工孵化与动物妈妈的自然孵化效果不同,不过人工孵化蛋的技术正在不断完善。

35. 所有的蛋都能孵化成功吗

除了由动物妈妈自然孵化外，通过科学的手段也可以人工孵化蛋，但是每一颗蛋都可以孵化成功吗？答案当然是否定的，只有受精的蛋才有可能孵化成功，而且蛋成功孵化的概率并不是100%的。在自然孵化的过程中，哪些主要因素会致使受精的蛋孵化失败呢？

首先是动物妈妈本身这一因素，动物也有失误的时候。有些第一次孵蛋的动物妈妈们离开巢穴太久，导致孵化失败，但是这样的情况在雌性动物多孵化几次蛋之后就会得到改善；有些动物妈妈在孕育期间营养不良，产出来的蛋也营养不良，也会导致胎死蛋中。

其次是孵化环境因素，过于潮湿或干燥，过于炎热或寒冷，都会影响到蛋孵化的质量和效率。另外，来自天敌和人为的干涉也可能导致蛋无法正常孵化。

还有一个主要因素是待孵化的蛋本身受到了感染。尽管蛋自身的构造能够起到自我保护的作用，但是蛋壳蛋白对蛋的保护也是有限的，如果孵化的环境过于脏乱的话，蛋本身无法抵御大量细菌的入侵，蛋就可能"生病"，无法正常孵化了。

成功地孵化一枚蛋并不是一件容易的事，动物的传承也不容易。

也许你知道,鸟类会下蛋。但你知道这些问题的答案吗?所有的鸟儿都是自己孵蛋吗?为什么有些鸟蛋的蛋壳上有花纹?孔雀、鸡、鹅,它们属于鸟类吗?小鸡怎样破壳而出?带着这些问题我们来了解鸟蛋的故事吧。

第三章 鸟类下蛋吗

36.鸟类都是卵生的吗

鸟类一般通过下蛋的繁殖方式来繁衍下一代。那么，是不是所有的鸟类都是卵生动物呢？有没有个别的鸟类属于胎生动物或者卵胎生动物呢？

鸟类属于脊索动物，两足，且体温长时间保持恒定。鸟类都具有羊膜卵，以及其他能够供它们进行卵生繁殖的条件。科学家们根据多年的调查研究和求证，得出结论——鸟类都是卵生动物。没有哪一种鸟类是采用胎生的方式进行繁殖的。

胎生需要雌性动物怀胎很长时间，并且还需要给幼崽哺乳。飞行在鸟类的生活中占主导地位，雌鸟在孕育后代时，如果肚子里长时间怀着宝宝，会使得体重增加，从而影响它们正常的飞行。鸟类的生殖系统也不适应胎生哺乳的繁殖方式。卵生适合鸟类，因为这种繁殖方式能让它们更好地生活在地球上，这也是物种在演化变迁过程中自然选择的结果。

37. 鸟类的繁殖过程是怎样的呢

鸟类到了繁殖期时，雄鸟和雌鸟往往是成双成对出现的。当然也会有一只雄鸟带领一群雌鸟，或者一只雌鸟身边围绕着多只雄鸟。大多数鸟类的雄鸟羽毛比雌鸟的漂亮，叫声也悦耳动听，舞姿也更胜一筹。在鸟类的繁殖期，雄鸟的这些特点有利于提高它们追求雌鸟的成功率。此外，雄鸟还会装饰自己的巢穴、送食物给雌鸟以求得它们的芳心。

当雄鸟和雌鸟互相选择之后通过交配，经过一段时间，雌鸟便会产下鸟蛋。一般情况下大多数鸟类在产蛋之前要建一个自己的"家"，也就是鸟窝。紧接着就是孵蛋和育雏。孵蛋和育雏并不完全是雌鸟的责任，雄鸟也会承担很多的工作。雄鸟主要负责保卫鸟巢及家人的安全，获取食物来供给雌鸟，雌鸟则是将主要精力放在孵蛋和育雏上。各种鸟蛋的孵化时间不一，经过一段时间的孵化，小鸟们就会逐渐破壳，来到这个美丽的世界。

鸟蛋孵化的过程对于鸟爸爸、鸟妈妈及宝宝们来说都是一次很大的考验。雄鸟和雌鸟不仅赋予了幼鸟生命，还为它们的安全和健康保驾护航！

38. 所有鸟类都会自己孵蛋吗

几乎所有的鸟类都会尽职尽责、满怀爱意地孵化自己的孩子，但多数品种的杜鹃并不遵循这一规律。在自然界中杜鹃有很多种类，但它们大都不把蛋产在自己的鸟巢内。它们也不自己筑巢，而是通过把其他小鸟赶走的方式获得鸟巢，由于杜鹃的蛋和很多鸟类的蛋极为相似。因此，杜鹃将自己的蛋产在其他鸟的巢中也不容易被发现。它们也不自己孵卵和育雏，而是借助别的鸟妈妈孵化它们的宝宝，小杜鹃破壳而出后，连养育雏鸟这样的事也是由其他雌鸟代劳。小杜鹃的成长速度比其他的鸟类快一些，因此它们能率先破壳，破壳之后的杜鹃会把巢中其他鸟的蛋翻出鸟巢，使得鸟巢中只有小杜鹃的存在。这样代为养育它们的雌鸟会误以为自己的其他孩子都不幸失去了性命，而更加呵护眼前的这些"孩子"。

杜鹃作为鸟类中的一个异类，虽然这种孵卵寄生的方式很独特，不过不是所有的杜鹃都如此，也有一些品种的杜鹃自己筑巢、孵卵和育雏。

39. 鸟类的蛋都长一个样吗

鸟类的蛋都长一个样吗？答案当然是否定的。尽管鸟蛋的结构都由蛋壳、蛋白和蛋黄组成，它们的形状也大都是一头大一头小的椭圆体，但是就像世界上没有两片完全相同的叶子一样，世界上也没有完全相同的两枚鸟蛋。世界上鸟类的品种繁多，虽然它们都属于卵生动物，同是从鸟蛋中破壳而出的，但不同的鸟蛋也有着它们自身的特点。

有的鸟蛋相对巨大，如鸵鸟、鸸鹋的蛋；有的则小巧玲珑，如最小的蜂鸟的蛋只有豌豆粒大小；有的鸟蛋相对尖一些，有的则相对圆一些。鸟蛋的形状是鸟类在演化的过程中自然选择而形成的结果。还有的鸟蛋上分布着花纹或斑点，如山雀、鹌鹑、黄鹂等鸟类的蛋。而有的鸟蛋则是纯色的，常见的纯色鸟蛋有白色、象牙色、米黄色、棕色、灰色等，有一些鸟类的蛋的颜色则是绿色、蓝色、紫色甚至是黑色的，如鸦尾共鸟的蛋就是黑色的，朱雀、八哥、画眉和知更鸟的蛋通常都是蓝色或蓝绿色的，孵卵寄生的很多种类杜鹃的蛋颜色甚至可以随着环境的变化而改变。鸟蛋的颜色也是一种保护色，生活在不同地域，巢穴建在不同地方的鸟类的蛋壳颜色也有差异。总的来说，不同的鸟蛋的形状、大小和颜色都跟鸟类自身的大小、繁衍生息的地域、生活习性和生存需要有着密切的关联。

因此，可以肯定地说，鸟类的蛋并不都是长一个模样的，而是大小不同，色彩不一，多姿多彩的！

40. 为什么有些鸟蛋的蛋壳上会有斑纹

鹌鹑蛋

为什么有些鸟蛋上会有斑点和花纹呢？现在就让我们一起来揭开谜底吧！

鸟类子宫内的碳酸钙不断沉积形成了蛋壳，而不同鸟类的子宫内还可以分泌出卵卟啉等色素，所以鸟类蛋壳的颜色有各种各样的，如白色、褐色、蓝色、绿色其至黑色。而蛋壳表层的斑点则是输卵管壁所分泌的色素沉积在碳酸钙表层而形成的。当蛋在雌鸟体内沿着输卵管向下缓行时，输卵管壁上的不同色素就附着在蛋壳上形成不同颜色的斑点；当蛋在雌鸟的输卵管内滑行出现旋转的情况时，不同的色素就会在鸟蛋的表层拖动出各种纹理。

这种斑纹给蛋披上了一层保护色，有利于蛋更好地融合在生存的环境中，起到躲避天敌或掠食者的作用。而一些孵卵寄生的杜鹃在产蛋时，甚至能够模仿所寄生的鸟类所产蛋的蛋壳纹理。英国的科学家通过实验发现，有斑点的蛋壳比没有斑点的蛋壳要更薄更轻。而且花斑蛋壳是厚薄不一的，蛋壳上的斑纹可以加固蛋壳。其中起到加固蛋壳作用的就是那些构成斑纹的卟啉素。

蛋壳的颜色和斑纹既受到禽鸟的遗传和基因的影响，也与雌性禽鸟的生活和生理状况密切关联。例如它们的饲粮中着色物质所占的比重、待产期雌性禽鸟受到惊吓与否、禽鸟类常见的一些病患也会影响其输卵管的着色功能，诸多因素都会影响鸟蛋的颜色和蛋壳上的斑纹。

41.鸟类一般什么时候进行繁殖

对于众多鸟类而言,繁衍生息、延续种族、完成自然的使命,是它们生命历程中非常重要的一件事。那么,鸟类一般什么时候开始繁殖?

通常情况下,鸟类在生长到性成熟阶段就可以进行繁殖了,大多数鸟类的性成熟是在1岁的时候,更有少数生活在热带地区的食谷鸟类生长5个月左右就可以进行繁殖了。当然也有需要较长时间才能达到性成熟的鸟类,如鸥类通常需要3年以上的时间,鹰类则需要4～5年的时间,而信天翁和兀鹰需要9～12年才可以长到性成熟阶段。

科学家们经过长时间的研究发现,鸟类的繁殖期与对食物获取的数量和光照的时间有很大关系。在食物丰沛、光照充足的春夏季节,鸟类大量繁殖,相反在食物相对匮乏的秋冬季节,鸟类则很少繁殖。所以,春夏季节是大多数鸟类孕育新生命的美好季节。

那有没有在秋冬季节繁殖的鸟呢?在澳大利亚有一种琴鸟,它们担心自己的宝宝会被蛇偷吃,所以选择在冬季进行繁殖,这是它们适应环境而选择的繁殖方式。

42.鸵鸟怎么下蛋

鸵鸟是目前已知的鸟类中最大的鸟。它们和老鹰、喜鹊不一样，虽然都属于鸟类，但鸵鸟不擅长飞行，相反，奔跑和行走的能力十分强大。那么，鸵鸟是如何繁殖的呢？

鸵鸟的繁殖方式当然也是卵生，通过下蛋来繁衍下一代。但鸵鸟在繁殖方面有个很独特的地方，它们选择"一雄多雌"的方式来进行繁殖。也就是说，一只雄性鸵鸟通常有几只雌性鸵鸟作为"妻子"。这些"妻子"所产下的蛋都会放在同一个巢内，因此"家"里有大量的鸵鸟宝宝。由于鸵鸟蛋很大，而且很多动物都将其视为美食。因此，为了更好地保护鸵鸟家族，鸵鸟妈妈所产下的蛋不是一直由雌性鸵鸟来进行孵化的，而是雌雄鸵鸟一起参与孵化后代的工作，雄鸟一般负责夜里的孵化工作，雌鸟则负责白天的孵化工作。它们保证鸵鸟宝宝们一直有"监护人"来保护。这是一种非常实用且行之有效的保护对策。这样经过大约6周的时间，同一巢穴内不同的雌鸟所产的蛋几乎同时孵出幼鸟。

鸵鸟是喜欢集体群居生活的一种鸟类，而且当不同的鸵鸟家族群相遇时，双方的亲鸟可能会通过决斗的方式战胜对方，获胜者会成为两个家族群的领袖，这样来自不同区域、不同年龄段的幼鸟就被融合在一起。这种集群方式既有利于整个种群共同防御敌人，也有利于不同种群之间的基因交流和优化。

43.喜鹊是如何产卵的

喜鹊是我们十分熟悉的动物,在世界上除了南极洲、大洋洲和中、南美洲外到处都可以看到它们的身影。

喜鹊是鸟类的一种,它们的繁殖方式也是典型的卵生。在开始繁殖之前,喜鹊首先要做的准备工作便是筑巢。喜鹊筑巢的功夫可不一般,一般在早春时分,喜鹊就开始"浩大"的筑巢工程了。别看喜鹊的巢只是小小的,且由一些杂乱的草组成,似乎很简陋,它里面可是混有泥土、羽毛、苔藓等物件的,而且是分层筑造的,结构精细而繁复,为的就是让这看似小小的"家"更加的坚固与舒适,为未来的喜鹊宝宝们营造一个可以遮风挡雨的温馨的小"家"。

鹊巢建好之后,雌喜鹊便开始产蛋了,喜鹊的蛋是从妈妈体内的泄殖腔中产出来的。一般情况下,雌喜鹊1天产1枚蛋,一般一个繁殖期雌喜鹊的产蛋数量在5~8枚。喜鹊妈妈孵化蛋的时间在17天左右,然后小喜鹊就可以破壳来到这个世界上了。

由于喜鹊筑的巢既舒适又坚固,因此有些不自己"盖房子"的鸟类如杜鹃等,便会把自己的蛋产在喜鹊的巢穴中,让喜鹊妈妈代为孵化并养育它们的孩子。

44.乌鸦产卵是怎样的

乌鸦，是鸟类鸦科中的一员，它们的踪迹遍布世界上大多数地方。乌鸦也是我们十分常见的一种鸟纲雀形目卵生动物，目前已知的乌鸦种类大约120种。乌鸦和其他鸟类一样，也是卵生动物中普普通通的一员。乌鸦的颜色也不都是黑色的，还有白色的乌鸦，它们是一种充满好奇心且聪明的鸟类。

乌鸦也会筑巢，并且它们"盖房子"的能力还很强。它们有时候会在自己的巢内盖上一层马粪。乌鸦的产蛋量一般一个巢内的为六七枚。大多数种类的乌鸦虽然全身黑色，样子看上去十分凶猛，但它们的蛋却不是通体黑色的，而是灰绿色的，并且还有一些褐色的斑点。蛋壳上斑点的作用大家应该都非常熟悉了，这是对壳内动物的一种保护。小乌鸦在壳内生长的时间一般在16～20天，随后，小乌鸦们便能一个个破壳而出了。

和很多鸟类一样，乌鸦的幼鸟并不是一破壳就能离巢自由飞翔了，而是需要雌鸟喂食1个月左右才能真正独立出巢。

45. 虎皮鹦鹉的繁殖有什么特别之处吗

鹦鹉是我们十分熟悉并且喜爱的鸟类。鹦鹉并不能理解人类话语的意义，但是它们凭借自己的模仿能力，会讲出一些简单的字句。

虎皮鹦鹉是鹦鹉科中一种原产于澳大利亚内陆地区的小型鸟，又名娇凤。经过人工培育，这种鹦鹉已经成为世界性的笼养鸟。一只雌性虎皮鹦鹉和雄性虎皮鹦鹉进行交配1周之后，雌鸟便会产蛋并开始孵化自己的孩子了。一般雌性虎皮鹦鹉在产出第三枚蛋的时候便会开始进行孵化工作。孵化的时间在18天左右，但孵化工作完成后，雌性虎皮鹦鹉依旧会留在自己的孩子身边。因为还处在雏鸟期的鹦鹉宝宝有时会遭到雄性虎皮鹦鹉的攻击。雄性虎皮鹦鹉为什么要伤害自己幼小的同类呢？这一点科学家还在进一步研究中。因此，虎皮鹦鹉妈妈为了保护自己的孩子依旧会选择留在它们的身边，一边保护一边喂养。

幼鸟经过雌鸟30~40天的喂养，便可以出窝了。出窝的虎皮鹦鹉并不是完全地离开自己的妈妈，如果妈妈没有再一次繁殖宝宝的意愿，它们就会和自己的妈妈生活在一起，但如果妈妈需要新一轮的繁殖，则会将它们赶走。

46. 体形最小的蜂鸟是如何繁殖的

蜂鸟是世界上体型最小的鸟，体长有5厘米多，和最大的鸵鸟相比，蜂鸟真的是非常"迷你"。但你可别看蜂鸟个头小，它的翅膀拍打频率却非常快，并且还能向后飞翔。

蜂鸟属于卵生动物，它们的繁殖当然也是通过下蛋的方式来进行的。蜂鸟虽然个头很小，但它们依旧会筑造一个属于自己的小小的"家"。蜂鸟的巢一般悬挂在树的枝干之上，巢穴筑好之后，蜂鸟妈妈便在其中产卵并孵化自己的孩子。蜂鸟一般1次会产2枚蛋，只有在很少的情况下才会产1枚蛋。雌性蜂鸟在繁殖时起着非常重要的作用，它们不但需要建筑自己的房子，还需要繁殖、喂养小蜂鸟。在筑巢的过程中，雄性蜂鸟是不会参与的。一般蜂鸟宝宝的孵化期在14～23天，破壳之后它们还需要妈妈的喂食。雌性蜂鸟会寻找一些小虫子喂给自己的孩子。通常在出生20～40天之后，蜂鸟的幼鸟便能独立活动了。

蜂鸟的个头很小，因此它们所产下的蛋也是鸟类中最小的。一般雌鸟在1岁左右是便可以产蛋了，它们的寿命通常在4～5岁。

47. 孔雀开屏是生殖行为还是防御行为

作为卵生动物家族中的一员，孔雀被人们誉为"百鸟之王"，是一种非常美丽的观赏鸟类。在一些文化中，它们还象征着吉祥与美好。当孔雀开屏时，它们绚丽多彩的羽毛和优美的姿态能吸引无数的目光。那么孔雀为什么要开屏呢？开屏的孔雀是雄孔雀还是雌孔雀呢？它们美丽的羽毛又有什么作用呢？

和自然界的很多鸟类一样，雄性孔雀往往有着美丽的外表，而雌性孔雀通常其貌不扬。我们所说的孔雀开屏指的就是雄性孔雀开屏。孔雀开屏既是一种应激防御行为，也是一种用于求偶的生殖行为。当它们受到来自外界的惊吓和威胁时，就会用开屏的方式来保护自己兼以警惕对方。除此之外，当孔雀到了繁殖期时，雄性孔雀需要吸引雌性孔雀的目光，因此张开自己美丽的羽毛从而获得雌性孔雀的青睐，之后，雌雄孔雀便通过交配，创造新的生命。雌性孔雀产蛋之后，就要担负孵化育雏的重任了。

每年的3～5月，是孔雀的繁殖期，一只雌性孔雀在繁殖期通常1次能产4～8枚蛋，孔雀原产于温度较高的地区，如果气温过低的话不利于孔雀的繁殖。

48.企鹅是如何下蛋的

企鹅同样也是鸟类大家庭中的一员,虽然它们不能像喜鹊那样在空中轻巧地飞翔,但它们依旧属于鸟类,是鸟类中的游禽。鸟类当中能游泳的种群并不多,企鹅就是其中的典型代表,那么企鹅是如何繁衍下一代的呢?

我们都知道企鹅主要生活在南半球,而且大都生活在终年冰雪覆盖、气候寒冷、年平均气温在 $-25℃$ 左右的南极地区,因此气候是它们不得不面临的一个问题。企鹅的繁殖需要相对暖和的温度,所以企鹅通常会选择在南半球的春天和夏天进行繁殖。大多数企鹅1年繁殖1次,少数种类的企鹅1年会繁殖2次,还有的企鹅种类3年才繁殖2次。企鹅为了求得配偶,通常会采取鸣叫的方式,通过鸣叫,它们能够根据声音找到自己原来的配偶。寻得配偶之后,即将到来的就是它们的产蛋阶段。企鹅的产蛋数量通常不是很高,一般为2枚,偶尔会产3枚,而帝企鹅则只有1枚。虽然数量不多,但在孵蛋期企鹅爸爸和企鹅妈妈可是要轮流照顾自己孩子的。它们会轮流照顾小企鹅和去远方寻找食物,待一方回来时再与对方交换角色,就这样分工协作,共同孵化养育小企鹅。

企鹅的孵蛋期因种类的不同而各有差异,有的只要1个多月,而有的则需要七八个月。小企鹅通常要经过24~48小时才能啄破蛋壳出来,并且它们一破壳,便有取食的意向。但它们想要真正独立还需要2个月甚至更久的时间。例如,帝企鹅需要5个月左右的时间,王企鹅则需要1年甚至1年以上的时间才能真正做到独立。

49. 麻雀是如何繁殖的

麻雀是我们最熟悉的鸟类之一。麻雀广泛分布在欧亚大陆，它们在中国的数量也比较多，在中国全境几乎都能看到它们的身影。当然近年来由于人类对麻雀过量地捕杀，导致它们的数量迅速减少。麻雀在中国已经被列为保护动物，捕杀麻雀的行为属于违法行为。

麻雀也能像喜鹊一样建筑自己的房子，并且它们的繁殖能力很强。只要气候和温度适宜，一年当中大多数时间它们几乎都处在繁殖期。麻雀通常从春季开始繁殖，冬季由于气候过冷，麻雀的繁殖会停止一段时间。但生活在南方的麻雀，由于环境温度较为适宜，因此几乎每个季节都可以进行繁殖。雌性麻雀1次通常能产下6枚蛋，孵化2周左右，麻雀宝宝便可破壳。当然破壳的小麻雀也不能完全独立出去，它们还需要在巢里待上1个月左右的时间。在育雏期间，亲鸟会捕捉大量的昆虫来喂养幼鸟，所以，麻雀也是很多害虫的天敌。麻雀凭借自己的"高产出"繁衍了大量的后代，而后代们通过自己的努力也在一代又一代地繁衍生息。因而，麻雀家族的数量还是相对可观的，不过麻雀的天敌也比较多。

50. 没有公鸡，母鸡能下蛋吗

科学家告诉我们的事实是，没有公鸡，母鸡照样也是可以下蛋的。只不过这样的鸡蛋是没有经过受精的鸡蛋，它们虽然在外观上与受精的鸡蛋没有差异，但这种未受精的鸡蛋是无法孵化出小鸡的。未受精的鸡蛋是母鸡在自身生理规律的调控下所产下的卵子形成的。我们日常生活中所食用的鸡蛋很多都是未受精的鸡蛋。受精的鸡蛋是母鸡在产蛋前与公鸡成功交配形成的，这样的鸡蛋通过21天的孵化期，就可以孵化出小鸡。也就是说，只有受精鸡蛋才有可能孵化出小鸡。

51. 母鸡孵蛋时为什么要坐在蛋上

母鸡在孵化鸡蛋时为什么要坐在鸡蛋上呢？它们孵蛋时是不是需要每天24小时一直坐在上面呢？母鸡们这样做有什么特殊的作用吗？

仔细观察我们就会发现，母鸡在孵蛋的时候总是喜欢坐在待孵的鸡蛋上面，而且一坐就是很长时间，这又是为什么呢？其实，母鸡这样做是为了让自己的孩子不受凉，并且能够正常孵化出来。母鸡的体温一般在40.5～42℃，它们将体温传到蛋上的温度通常是38～39℃。而鸡蛋的孵化不但有时间上的要求，对温度的要求也是十分严格的，过高的温度会使胚胎无法正常发育，而温度过低也不利于小鸡顺利地成长。因此，母鸡才需要长时间坐在待孵化的鸡蛋上面，为的就是保持这些待孵化鸡蛋的温度。

那么母鸡是每天24小时坐在鸡蛋上不眠不休地专注孵卵而完全不离开吗？其实它们有时候还是会离开一小会儿解决一下自己吃喝拉撒的问题的。但通常母鸡离开的时间不会太久，不过公鸡是从来不会参与孵化工作的，孵蛋和育雏主要是母鸡的工作，当小鸡破壳而出后，鸡妈妈就带着它们觅食，并照顾它们的成长。

52. 如何让母鸡下更多的蛋

什么方法能让母鸡又快又好地产蛋呢？下面就让我们一起来探一探究竟。

想让母鸡又快又好地产蛋，了解鸡蛋的形成规律是十分重要的。鸡蛋当中最重要的物质是蛋黄和蛋白。一般来说，鸡蛋的蛋黄和蛋白在夜晚形成的速度相比于白天要慢许多。因此，在白天给母鸡们喂养一些高蛋白、低钙的饲料，能促进蛋黄和蛋白的生长。相反，蛋壳在白天形成得比较慢，并且蛋壳的形成需要丰富的钙，因此在夜晚给母鸡喂一些低蛋白、高钙的饲料有利于蛋壳的生长。

当然，这只是其中一个方法，为了能让母鸡多产蛋，工作人员采用了很多行之有效的方法。例如增加鸡舍的光照；将公鸡与母鸡放一起混养；预防和减少母鸡的病患；在夏天天气炎热，母鸡的产蛋量降低时，可以通过剪掉一些鸡毛的方式来为母鸡的身体降温，这样也有助于母鸡排汗，使母鸡的体温回归到正常值，自然也就有利于鸡蛋的产量上升了。

53. 小鸡是怎么破壳而出的

在蛋壳内部有一个气室，它通常位于鸡蛋的大头部位，气室是胚胎在生长发育过程中进行气体交换的场所，它能为胚胎提供氧气，帮助它成长。经过21天的时间，胚胎发育成为小鸡，它们也到了要离开一直保护它们的蛋壳来亲身感受这个美丽世界的时候了。那么小鸡如何破壳呢？

在小鸡的嘴部有一层保护膜，这层保护膜的作用就是为了帮助它能更好地破壳而出。因此，小鸡通过自己坚硬的嘴，一点一点地啄破外壳，慢慢地我们就能看到它们探出一个脑袋来，接着洞口再大一些，小鸡们就能完全地离开外壳了。这个过程可以持续1～3小时，有时候母鸡也会帮忙啄破蛋壳。在小鸡破壳而出的同时，它嘴部的保护膜已经完成了它的使命。至此，从胚胎到小鸡的发育过程已经全部结束。

54. 进入产蛋期的鸭子通常1年可以下多少枚蛋

鸭子作为一种水陆两栖的常见禽类，有家鸭和野鸭之分，这里我们主要讲的是作为家禽的鸭子。鸭子作为一种典型的卵生动物，它们也是通过卵生的繁殖方式来延续种族。那么，通常情况下，鸭子1年能产下多少枚蛋呢？鸭子的产蛋量通常与鸭子的品种有着密切的关系。例如绍兴鸭，正常情况下，它们1年能产大约280枚蛋，多的时候能产下320枚蛋，这样它们的产蛋量就和鸡的产蛋量不相上下。而其他的鸭子品种，如卡基康贝尔鸭和金定鸭的年产蛋量也能保证在260～270枚，相对于鸡的产蛋量略微少了一些。

那么鸭蛋和鸡蛋相比哪个营养价值更高呢？其实，二者各有千秋。鸭蛋的矿物质含量较多，并且具有一定的药用价值，鸡蛋营养也很丰富并且口感好，鸭蛋有一些腥味，因此口感上要差一些。可鸭蛋中所含的矿物质和蛋白质却是对我们的身体健康非常有益的哦！

55. 鹅蛋有什么特别之处

鹅蛋在我们生活中虽然也很常见，但我们将其当作食物来每天食用的情况还是不多的。鹅蛋通常呈椭圆形，蛋壳一般是白色的，体积通常很大。虽然它们不能和巨大的鸵鸟蛋相匹敌，但一枚普通的鹅蛋也相当于两三枚鸡蛋的大小。因此，鹅蛋的个头相对于很多禽鸟类而言也是很大的。那么这样的"大块头"的营养价值会不会比鸡蛋、鸭蛋也高出很多倍呢？鹅蛋其实也是一种营养丰富的食物，但人们往往觉得它体积较大，且口感很腥，故而很少食用它。其实鹅蛋同样富含蛋白质、脂肪、维生素和矿物质，并且热量也比鸡蛋高许多。鹅蛋还具有一定的药用价值，多吃鹅蛋可以补气，身体体质较寒，或是天气冷的时候，食用鹅蛋对我们的身体还是有好处的。

鹅的繁殖期一般在9月到第二年4月间，它们也是有性繁殖的卵生动物。

同属于家禽类，并且是水陆两栖的家禽，鹅的生殖方式和其他的家禽类没有差异，小鹅也需要雄鹅和雌鹅的结合才能产生！

水陆两栖的青蛙和蟾蜍、长寿的海龟、会断尾求生的壁虎、令人害怕的蟒蛇、凶猛的鳄鱼等，它们产的卵都会称为蛋吗？它们是怎样繁殖的呢？在这一章，我们将揭示它们产蛋的秘密。

第四章 两栖动物和爬行动物下蛋吗

56. 爬行动物的繁殖方式都是卵生吗

爬行类动物按照其头骨上颞孔的数目和位置可以分为上颞孔类、无颞孔类、双颞孔类及合颞孔类四大类。而目前已知的现存爬行动物又可以分为鳄形目、龟鳖目、有鳞目（包括蛇类和蜥蜴类）及仅存在于新西兰的喙头

目。绝大多数的爬行动物的确会通过产卵的方式进行繁殖，但动物中总会有"异类"，它们虽然属于这个群体，却有着和绝大多数成员不同的特点。那么，爬行动物中的"异类"究竟有哪些呢？

在爬行动物家族成员中，有一些动物的卵要先在母体内发育成为新的个体之后才从母体中产出。不过这些新的个体在发育过程中所需要的营养物质，仍然需要由卵黄来提供，它们与母体之间一般没有物质交换的关系，只是在胚胎发育的最后阶段可能会与母体进行气体交换并产生少量的营养关系。爬行动物中的这些"异类"繁殖后代的方式介于卵生和胎生之间，也就是卵胎生的生殖方式。

选择卵胎生这种繁殖方式的爬行动物不多，有海蛇、蝮蛇、胎生蜥、铜石龙蜥及生活在中国青藏高原地区的一些蜥蜴等。这种繁殖方式是物种演化过程自然选择的结果，是物种自身发展的需要，对胚胎的孵化和生长发育可以起到保护的作用。

57. 两栖类的繁殖方式都是卵生吗

现存的7000多种两栖动物中，无尾目、有尾目和蚓螈目各有特色，我们熟悉的各种蛙类都是无尾目的代表，而娃娃鱼则是有尾目的代表，蚓螈目的代表当属蚓螈。

起源于鱼类的两栖动物，在漫长的演化过程和生态环境变迁的过程中，形成了不同的种群和分布特点。大部分两栖动物对水的依赖性都很高。除了南极洲之外，世界上到处都可以看到两栖动物的身影。

在两栖动物中，卵生、胎生和卵胎生的繁殖方式都存在。一般情况下，在水中产卵的两栖动物通常要比陆地上产卵的两栖动物的产卵量高一些，而两栖动物中的少数派——胎生两栖动物的繁殖能力则要弱一些。例如胎生的加蓬蚓螈每次分娩只能产下1~4个宝宝，卵生的双带鱼螈每次产卵量则在50枚左右。而把卵产在水中的北美隐鳃鲵、虎斑钝口螈和大鳗螈通常每次都有500枚左右的产卵量。

大多在水中产卵的蛙科和蟾蜍科每次产卵量通常在千枚以上，少的也有数百枚，而在陆地上产卵的无尾目产卵量普遍低于水中产卵的无尾目物种。习惯把卵产在树叶上、树洞中乃至水果上的雨蛙和姬蛙的产卵量通常少于60枚。还有一些细趾蟾科和树蛙科的物种会把卵产在"泡沫"当中，这些泡沫通常由水、空气和一些分泌物混合而成。分布在泡沫中的卵的数量从几枚到上千枚不等。而像负子蟾、产婆蟾、扩角蛙和彩胸毒蛙等通常会把卵产在成体的背部。

58. 长寿的海龟在繁殖方面有什么特别之处

龟类的寿命很长，它们能见证无数季节的更替，甚至跨越世纪。海龟在所有龟当中，寿命相对较长。目前世界上现在的海龟种类只有7种，它们主要分布在印度洋、大西洋和太平洋等海域。

那么，既然海龟的寿命那么长，它们的繁殖情况又如何呢？海龟成熟的时间长短不一，短则3~5年，长则30~50年，大多数在20年左右。而且大多数种类的海龟都是洄游性的，它们产卵时必须返回到陆地上。一般春夏季节是海龟繁殖的高峰时期，在这个时候，它们会经过长途跋涉从觅食的栖息地回到产卵的栖息地。雌性海龟的身后往往会跟随着几只雄性海龟。雄性海龟在追随雌海龟一段时间后，就会选择时机与其进行交配，海龟的交配时间一般会维持3小时左右。然后雌海龟就会在沙滩上找到合适的地方用四肢挖出一个洞穴将卵产在其中，并采取一定的护卵措施，雌海龟休息调整后会用沙子盖上所产的卵并游回大海，它们一般不会看护并孵化龟卵。

海龟1年通常产3次卵，不同种类的雌海龟每次的产卵量各不相同，3次产卵总量从数十枚到数百枚不等。龟卵会在沙滩里自然孵化，对温度和湿度都有一定的要求，孵化温度通常为28~30℃，经过49~70天的时间小海龟便会破壳而出了。但它们的成活率并不高，近几年随着生态环境的变化和人为破坏，海龟的繁衍生息已经受到严重的威胁，对它们的保护已经刻不容缓了。

59. 壁虎是如何繁殖的

作为蜥蜴目的一员，壁虎是我们日常生活中比较容易遇到的爬行动物。它们的别名有四脚蛇、守宫、檐蛇、蝎虎子等。壁虎的身体扁平，四肢短小，长相不讨人喜爱。它们大多喜欢在黄昏和夜晚的时候活动，又因为它们的趾上有着由无数细小的刚毛所构成的吸盘，所以练就了一身飞檐走壁的好功夫。有一种生活在巴西的侏儒壁虎甚至可以在水上漂浮。壁虎是蚊虫的天敌，它们捉蚊子和苍蝇的技术一流。那么，壁虎是如何繁殖的呢？它们的繁殖能力又怎样呢？

壁虎的适应能力很强，能够生活在各种类型的环境中，物种自身也呈现出多样性。就繁殖方式而言，大多数种类壁虎的繁殖方式都是卵生，少数生活在新西兰地区的壁虎繁殖方式是卵胎生。壁虎习惯在夏天产卵，此时气温高、空气湿润，食物也十分丰富，优良的条件使壁虎喜欢选择在 7～8 月份进行繁殖。一般一只壁虎 1 次能产出 1～2 枚卵，卵壳比较脆弱，壁虎通常 1 年只产 1 次卵。也就是说，一只雌性壁虎 1 年只能生 1～2 个小壁虎。刚产下的壁虎蛋需要壁虎妈妈孵化 1 个月左右才能破壳而出。但壁虎的生存能力却很强，我们知道，壁虎在遇到危险时，能自己断掉尾巴以便逃生。

60. 蜥蜴用什么方式繁殖

作为爬虫类动物中种群最多的一种，蜥蜴目前在世界上已知的种类有4000多种。其中有目前已知的体型最大的科莫多巨蜥，这种大块头的平均身长有3米左右，也有体型最小的雅拉瓜壁虎，它们通常身长为15厘米左右。有一些蜥蜴还有一种十分神奇的本领，那就是变色。它们可以因为环境的原因，或者为了防御敌人而将皮肤换一种颜色。因此很多人都将它们称为"变色龙"。

作为冷血爬虫类的蜥蜴，它们大多栖居在陆地上，也有生活在树上、洞穴中的蜥蜴，还有一些蜥蜴种类是半水栖的。物种的多样性也使得它们的繁殖方式呈现出多样性和很多独特的地方。大多数蜥蜴的繁殖方式是卵生，受精方式是体内受精，大多在春末夏初时开始交配繁殖。有的种类的雄性蜥蜴的精子可以在雌性蜥蜴体内存活很多年。大多数蜥蜴通常1年繁殖1次，每次产卵数量1枚到十几枚不等。诸如岛蜥、疣尾蜥虎和截趾虎等终年都可以繁殖。

石龙子科蜥蜴中有70%左右种类的繁殖方式是卵胎生，在中国境内生活着16种卵胎生蜥蜴。还有的同属蜥蜴中，有的是卵生，有的是卵胎生。例如同属于南蜥属，多凌南蜥是卵生的，而多线南蜥则是卵胎生的。还有的蜥蜴种类同时具有双重繁殖方式，更有鞭尾蜥和科莫多巨蜥这种可以进行孤雌繁殖的独特种类。

蜥蜴的繁殖方式还真是多样而奇特呢！

61. 蛇类的繁殖方式是卵生还是卵胎生的

目前世界上已知的蛇种类有3000多种，从体型细小的卡拉细盲蛇到巨型的蟒科和蚺科的蛇类，地球上几乎到处都可以看到这种无足爬行动物的身影。

尽管蛇的种类多样，繁殖方式也呈多样性，但所有蛇类的受精方式都是体内受精的。雄性蛇类生殖器官平时通常是藏在其尾巴之中的，而且大都带有凹槽、尖刺或者倒钩，这样在交配的时候能够顺利地抓紧雌蛇的泄殖腔壁。绝大多数蛇类的生殖方式都是卵生的，雌蛇产卵后大多不会进行孵卵，它们将成熟的卵产下后，让卵在空气中自己成长，幼蛇自行破壳而出。作为冷血动物的它们，体温达不到孵化蛇卵的温度。也有少数蛇会孵蛇卵，如眼镜王蛇会筑巢护卵且孵育幼蛇。而蛇类中的大块头蟒蛇通常是产卵后就把蛇卵紧紧缠住，除了晒太阳和饮水会离开之外，它们在幼蛇孵化出来之前几乎寸步不离蛇卵。

当然，蛇类当中也存在一些"特殊分子"，它们的繁殖方式是卵胎生的。例如海蛇、蝮蛇、蝰蛇及竹叶青蛇。雌性蛇类会将成熟的卵留在自己的输卵管中，它们通过调节自身的温度从而更好地孵化蛇宝宝。大部分的卵胎生蛇生活在高原地区，这部分地区气候寒冷，空气干燥。因此，它们慢慢地寻找到了这种适合自己的繁殖方式。

62.世界上最大蛇种的繁殖和其他蛇一样吗

世界上最大的蛇,来自蚺(rán)科,它们大都是卵胎生动物,体型通常都比较庞大,身长和体重都是蛇类中的佼佼者,而且它们都是无毒蛇类。它们就是生活在美洲的森蚺,也称水蚺。

森蚺究竟有多大呢?森蚺一般身长在3米以上,在森蚺当中有一种绿水蚺,身长可以达到8米以上。8米相当于我们三层楼的高度,因此绿水蚺是名副其实的蛇中"巨人"。

绿水蚺的求偶和交配大都在水中进行。身型巨大的绿水蚺属于卵胎生动物。它们的受精卵在雌性的体内生长6~7周时间才会产出,它们1次能产10~40条幼蛇,多则100多条。而不是像其他卵生蛇类一样,直接产出受精卵。

63. 人工是否可以孵化蛇蛋

人工能否孵化蛇蛋吗？如果可以，人工孵化蛇蛋的过程又是怎样的呢？它们有什么特别之处吗？现在就让我们一起来了解一下人工孵化蛇蛋的相关知识吧！

人工孵化蛇蛋首先是要选择色泽匀称一致、形状端正、饱满有弹性且没有破损的新鲜蛇蛋，这样可以保证较高的孵化率。其次，人工孵化蛇蛋有两点十分重要，那便是温度和湿度。蛇蛋的孵化温度应保持在20～30℃，温度过高或过低都不利于蛇蛋的正常孵化。而孵化蛇蛋的湿度应当保持在50%～70%，湿度对蛇蛋孵化率的影响也非常大。因此，人工孵化蛇蛋尤其要注意这两点。接下来专业人员会将蛇蛋放置在一个铺了干净且湿度适宜的土的容器中，容器大小依蛇蛋数量而定。这些工作做好后，将蛇蛋依次横排在土层上，千万不要竖直放蛇蛋。孵蛋的过程中需要覆盖物将其覆盖，一般采用苔藓或者干净新鲜的青草就可以。对于覆盖物也有很高的要求，覆盖物不能潮湿，因为潮湿就容易引起蛇蛋的霉变，这对孵化蛇蛋是十分不利的。在孵化过程中，还要注意翻蛋和验蛋，翻蛋的频率通常为1周1次，验蛋是为了及时挑出未受精的蛋和无法正常发育的蛋，以提高孵化率。当然，不同种类的蛇有不同的生殖方式及孵化特点，这需要专门的人员更进一步地掌握。

64. 凶猛鳄鱼下的蛋是怎样的

鳄鱼有着长长的嘴巴，尖锐锋利的牙齿，身上还披着厚厚的鳞甲，是性情非常凶猛的肉食动物。鳄鱼喜欢栖居在热带、亚热带和部分温带地区的河流、湖泊及沼泽中，有时候在一些近海区域也可以看到它们的身影。那么，从中生代到现在，凶猛的鳄鱼在繁殖后代方面又有怎样的特点呢？它们是卵生动物还是卵胎生动物呢？它们的繁殖能力又如何呢？

鳄鱼属于卵生动物，它们通过下蛋的方式繁殖自己的后代。作为适应环境能力超强的一个物种，它们的平均年龄为75岁左右。鳄鱼在进入繁殖期时会首先选择适宜蛋孵化的地点筑巢。雌雄鳄鱼交配后，雌鳄鱼就开始产蛋，鳄鱼的产蛋数量根据种类的不同有差异。产完蛋的雌鳄鱼通常会守护在巢穴旁，自然孵化的鳄鱼通常是利用太阳光的温度和巢穴周边的植物受湿发酵产生的热量来孵化的，有时候雌鳄鱼还会用尾部沾水洒在巢穴中保持温度和湿度。鳄鱼蛋孵化的温度一般在30～33℃，它们孵化的时间也保持在75～90天。刚刚孵化出来的鳄鱼宝宝，个头很小，但它们的生长速度可是十分惊人的。

科学家告诉我们，鳄鱼的性别不是由亲代的基因决定的，而是取决于鳄鱼卵孵化的温度。孵化温度的高低不同，破壳而出的小鳄鱼就会有不同的性别。因此，雌鳄鱼会通过控制孵化的温度，从而把握自己"女儿"和"儿子"的比例。

65. 鳄鱼是怎么从蛋里出来的

鳄鱼是怎么从蛋里出来的？你知道它们在即将出壳的时候会发出"噢姆、噢姆"的声音吗？它们为什么会发出这样的叫声呢？

雌鳄鱼所产下的蛋，通常都会在提前筑好的巢穴中等待孵化。它们孵化的时间一般为75～90天。当鳄鱼蛋在孵化进程接近尾声的时候，即将破壳而出的小鳄鱼就会在蛋壳中发出"噢姆、噢姆"的声音。此时，雌鳄鱼听到孩子的召唤声也会做出相应的反应，它们会选择做一些类似刨沙子的动作，目的是让在蛋壳中"呐喊"的小鳄鱼更好地破壳出来。那么，为什么鳄鱼宝宝会在蛋壳中喊叫呢？其实，它们这样做有自己的目的。一方面，鳄鱼蛋在大自然中是很多动物的攻击目标，因此在蛋壳中便开始喊叫，既有利于召唤同伴，又有利于它们呼唤鳄鱼妈妈来保护自己；另一方面，它们的喊叫也是给妈妈发出信号，告诉它们"我们即将出生啦"。出壳后的小鳄鱼通常趴在雌鳄鱼的背上跟着雌鳄鱼觅食和学习生存的本领，直到可以独立生活为止。

从繁衍的角度来看，凶猛的鳄鱼原来也有温情脉脉的一面。

有时候,也会有人把鱼卵称为鱼蛋,但大多数时候,我们还是称之为鱼卵。鱼是特别有意思的一类动物,最小鱼和最大鱼之间的差别真的可以算是天壤之别。但鱼类产的卵的外形却都是圆圆的。鱼类通常在什么地方产卵呢?你知道有些鱼不远千里洄游产卵是怎么回事吗?鱼类的卵是怎样孵化的呢?在这一章我们就来探究这些和鱼类繁殖有关的问题吧。

第五章 鱼类会下蛋吗

66.鱼类有哪些繁殖方式

生命从最早的细胞开始，经过不断的发展进化，发展到如今的各种生物，包括我们人类。生命的延续依靠繁殖，没有繁殖就没有后代。让我们来了解一下有关鱼类的繁殖吧！

鱼类的繁殖方式共有两种，分别是卵生和卵胎生。

首先大部分的鱼类都是卵生的，同时也都是以体外受精的方式进行繁殖的。通过卵生繁殖的鱼类有很多种，如鲫鱼、黄鱼、鲤鱼等，这种繁殖方式是指鱼将卵排出体外，附着在水草、蚌壳之上，通过自然的水流和水温进行繁殖的方法。

其次是特殊的卵胎生鱼类。卵胎生鱼类是一种在体内受精，却在体外繁殖的鱼类，受精卵在雌鱼肚子里已经形成鱼体，到了一定时机又被排出体外继续生长发育，如孔雀鱼和剑尾鱼。

67. 鱼类通常一次可以产多少粒卵

在动物界中，有1次只产1枚蛋、1年只繁殖1次的南极企鹅，也有进入产蛋期后每天都产蛋的家养母鸡，每种卵生动物的产卵周期和产卵数量都各不相同，那么鱼类呢？平时我们吃鱼时也经常会吃到鱼子，鱼子的数量特别多，鱼类通常1次可以产多少粒卵呢？

鱼类是世界上产卵量最多的动物，每次产卵的数量几百到几千，甚至是几亿粒不等。在江河湖海之中，有产卵量最多的鱼——翻车鱼，也有产卵最少的鱼——齿鲤鱼。翻车鱼1次产卵量可高达3亿粒之多，相比之下，齿鲤鱼的产卵量就显得非常少了，在整个产卵季节，生活在美国佛罗里达州的齿鲤鱼只能产下约20粒鱼卵。

当然，大部分的鱼类产卵没有翻车鱼那么多，也没有齿鲤鱼这么少，普通的鱼类1次产卵在几百到几千粒，根据鱼类品种的不同，稍多的也能达到几百万到几千万粒。在海洋和江河中均可生存的刺鱼每次产卵在100粒左右；小型淡水鱼鳑鲏1次可产几百粒卵；大家经常吃的草鱼和鲢鱼每次能产50万粒卵；还有生活在海里的鳗鲡1次产卵量也能达到上千万粒。

虾虎鱼

68.鱼类通常在什么地方产卵

鱼类通常会在什么样的水中及在水中的什么地方产卵呢？其实，鱼类对产卵地点的要求还是很严格的，它们会依据条件选择一个最适合产卵的地方作为产卵场，许多鱼类在大海的温水层里产卵；有的鱼类在附近的海藻或砂石上产卵以便卵易于附着；还有的鱼类虽然生活在海里，但会在繁殖期洄游到江河上游去产卵；也有的鱼类生活在淡水中，繁殖期却跑到海水中产卵。

鱼类对于产卵场所的要求如此严格，根据产卵时间、产卵条件，鱼类的产卵场所大致分为以下几种。

第一种是开阔的水域。卵在水中是一种叫作"浮游"的状态，鱼卵在水中悬浮着，不断发育。这种产卵场所是大多数鱼类的选择。

第二种是砂石。选择在这里产卵的多数是产黏性卵的鱼类，它们的卵具有黏性，需要附着，所以选择在水底的石砾或岩石的缝隙上产卵。

第三种是海藻群里。产在海藻上的卵也属于黏性卵，在海藻丛生的沿岸，水比较浅，鱼妈妈们在产卵时有时还会跳出水面。

第四种是贝类动物的壳。如生活在海里的虾虎鱼就喜欢把卵产在一些贝类的空壳当中，以此作为附着鱼卵的介质。

69. 鱼类一般在什么时候产卵

鱼类的产卵分为非重复性产卵和重复性产卵两种。非重复性产卵是指一生只产1次卵的鱼，如银鱼和鳗鲡；而重复性产卵的鱼类是指初次性成熟之后可以反复多次地产卵，如大西洋鲑鱼等。不同种类鱼类的产卵周期都不一样，因为对环境的要求不同，所以在世界范围内，几乎每个季节都有鱼类处于产卵期。

首先，大多数鱼类还是选择在温暖湿润的春夏季节产卵，因为温暖的季节，水温较高，水里的鱼虾也很充足，可供小鱼吃的饵料十分丰富，这时鱼卵易于孵化，小鱼更易存活。

其次，还有一部分鱼类是秋冬季产卵的，如大马哈鱼就在9～11月产卵，真鲷的产卵期则在10～12月。这些鱼大部分生活在高纬度地区、气候较寒冷的地方，它们通常是冷水性鱼类，并不怕冷，所以在秋冬季产卵。

最后，还有一种鱼类，它们生活在赤道及热带地区，因为那里的气候终年温暖，生活在那儿的鱼类一年四季都可以产卵，且产卵的次数也比其他地区的鱼类多。

70.鱼类生产前通常是什么样子的

不同的鱼类,雌鱼产卵前的征兆也不同,下面就让我们去了解一下各种鱼类生产前的表现吧!

首先说说卵生的鱼类中产浮性卵的鱼,雄鱼首先会在产卵场吐出浓密的泡泡,作为雌鱼产卵的巢,有的雄鱼还会衔来水草筑成巢以供雌鱼产卵;还有一些鱼类的雌鱼在产卵前,输卵管会十分突出,用肉眼就能看到鱼身上会有一根管状物。

其次说说卵胎生的鱼类以真鲨科的大青鲨为例,雌雄鲨鱼的性成熟年龄一般在5岁左右,雌鲨的身体内有卵黄囊胎盘,一般经过9~12个月的妊娠期,通常每胎可以产4~100只幼鲨。雌鲨鱼进入产卵期后,雄鲨在追求它们的过程中会通过咬雌鲨来表达求偶的意愿。因而,为了适应这种独特的交配方式,一般雌性大青鲨的皮层要比雄性大青鲨厚3倍左右。

大马哈鱼生殖洄游

71. 洄游产卵是什么意思

洄游产卵，是鱼类在生殖过程中一种独特的行为。有的鱼类为了能够找到更好的产卵环境及孵化环境，会从一个地方向另外一个地方游动。洄游的距离有长有短，地点也各不相同，有的鱼类只在海水中洄游，比如带鱼和黄鱼；有的只在淡水里洄游，比如青鱼和草鱼；有的会从海洋游向江河，如大马哈鱼；还有的会从江河游向海洋，如鳗鲡。

如果你认为洄游是一种很普通的运动，那你就大错特错了。恰恰相反，洄游是鱼类一种十分特殊的运动，它并不是由条件反射引起的，也不是由外界因素的刺激导致的，而是鱼类主观的、定期的且定向的活动。通常跟寻找食物、越冬和繁殖有关。洄游产卵指的是很多鱼类在性成熟的过程中，离开原栖息地，向另一个适合产卵的水域游动，产完卵之后又回到原栖息地的现象。

就拿大马哈鱼来说，大马哈鱼是一种冷水鱼类，在太平洋北部和欧洲、亚洲等很多地区都有分布。它们的洄游历程是鱼类中最为辛苦的，为了寻找更好的产卵环境，它们常常需要洄游几千千米，路途中会遇到湍急的水流、容易搁浅的浅滩，还可能会被天敌吃掉，所以在洄游的过程中，很多大马哈鱼死亡。大马哈鱼是一生中只繁殖一次的鱼类。

72. 你知道哪种鱼类产卵最多吗

在茫茫的海洋中，有一种长相特别呆萌的鱼类，它们的形状是扁平的椭圆状，全身颜色灰溜溜的，生活在温带和热带地区，在中国东海和南海海域均有分布，它们当中体型最大的可以长到3.3米。这种海洋大型鱼类的名字叫作翻车鱼。翻车鱼又叫翻车鲀，是三种海洋鱼类的总称。翻车鱼不仅长相可爱，体型威武，还有一个特殊的事情，那就是其产卵量相当惊人。

鱼类中产卵量最大的鱼，非翻车鱼莫属。那些一次产卵几百粒到几千粒的鱼类和翻车鱼相比都是"小巫见大巫"，因为翻车鱼一次最多可以产卵3亿多粒！而产卵少的翻车鱼一次也能产几千万粒卵。除了产卵量惊人外，翻车鱼的繁殖更是非常有趣。每当到了产卵的季节，雄性翻车鱼会游到海底去寻找一片开阔的空地，用自己的鱼鳍和尾巴将泥沙挖开，为雌性翻车鱼精心准备一个凹陷的产床，然后再吸引雌性翻车鱼到这个产床里产卵。鱼类大部分都是体外受精的，翻车鱼也不例外，当雌性翻车鱼产完卵后便会离开产床，雄性翻车鱼会马上排出体内的精子使鱼卵受精，直到鱼卵孵化出小鱼，都是雄性翻车鱼照料着它的孩子们。

虽然翻车鱼的产卵量很大，但是在弱肉强食的海洋中，不是所有的鱼卵都有机会长成小鱼。有些鱼卵会被其他海洋动物吃掉，有些鱼卵在海底刮起风暴时被吹走了，一条翻车鱼一次产的那么多卵中，大约只有百万分之一的鱼卵能孵化出小鱼并存活。

73.淡水鱼的卵比咸水鱼的卵更容易存活吗

鱼类分为很多种,按照体型分,有大型鱼类和小型鱼类;按照水温分,有冷水鱼类和暖水鱼类;按照生活水域分,有淡水鱼类和咸水鱼类。淡水鱼和咸水鱼有什么区别?淡水鱼和咸水鱼的生命力谁更顽强?淡水鱼的卵比咸水鱼的卵更容易存活吗?

首先,我们都知道,海水是咸的,因为咸的水质具有一定抗菌杀菌的作用,所以海水中的细菌、病毒都要少于淡水中的。由此看来,咸水中鱼类的寿命普遍比淡水中鱼类的寿命长。也正是因为咸水中的细菌、病毒相对较少,所以在咸水鱼产卵孵化时,无论是孵化率还是小鱼的存活率都相对比较高。

其次,毕竟海洋的面积相对比较大,在大海中的生存条件比淡水中要恶劣得多,所以生活在海里的鱼类生命力也相对更加顽强,它们的后代自然也有着比淡水鱼类更加顽强的生命力。

最后,是温度的问题,海水广袤无边,海面又没有建筑遮挡,当太阳直射海面时,白天海水表面温度能够达到近40℃,到了晚上海水的水温直线下降,温差接近20℃。与咸水鱼相比,淡水鱼对温度的要求更高一些,淡水鱼难以适应如此大的温差环境,所以淡水鱼在温度方面的适应能力也远远不如咸水鱼。

总之,咸水鱼有着比淡水鱼顽强的生命力,它们的卵也往往比淡水鱼的卵更加容易存活。

74. 为什么有的鱼类会吃掉自己的卵

中国人有一句古话："虎毒不食子。"说的就是即使是老虎这样凶猛的动物，也不至于吃自己的虎崽。可是，我们却总是听说或者亲眼见过有些鱼类会吃掉自己产下的鱼卵，这是为什么呢？其实，有时候它们是为了提高孵化率才这样做的，鱼吃掉自己的卵通常分为很多种情况。

第一就是当雌鱼产卵时，雄鱼还没有发育成熟，还不具备给卵受精的能力，于是鱼产下的卵就变成了"废卵"，是不能够孵化出小鱼的。但是，鱼卵被产下一段时间后就会变质，与其放任鱼卵变质还不如由雌鱼吃掉它们，为下一次产卵做足准备。

第二是因为雌鱼和雄鱼没有成功地配对。雌鱼产卵后，出现了其他雄鱼和这条雄鱼争抢，导致配对失败，雌鱼产的卵也成了废卵，雌鱼也会将卵吃掉。

第三则是有的鱼产卵之后受到了惊吓，吃掉了自己的卵。

第四是一种比较特殊的鱼类，它们用口来孵化鱼卵，并在口中养育幼鱼。例如后颌鱼、非洲鲫鱼、非洲慈鲷、天竺鲷等都是这样的鱼类。这类鱼的孵化方式是在雌鱼产卵之后将卵全部含进嘴里，偶尔张开嘴巴让鱼卵摄取氧气。这样能够避免鱼卵被其他动物吃掉。同时，雌鱼或者雄鱼嘴里的温度也较高，更易于鱼卵的生存。这样的孵化方式大大提升了鱼卵的孵化成功率，也有利于幼鱼的发育。在孵化的过程中，成鱼往往不吃不喝来守护自己的孩子们，待幼鱼孵化出来，成鱼的体重会减轻很多。

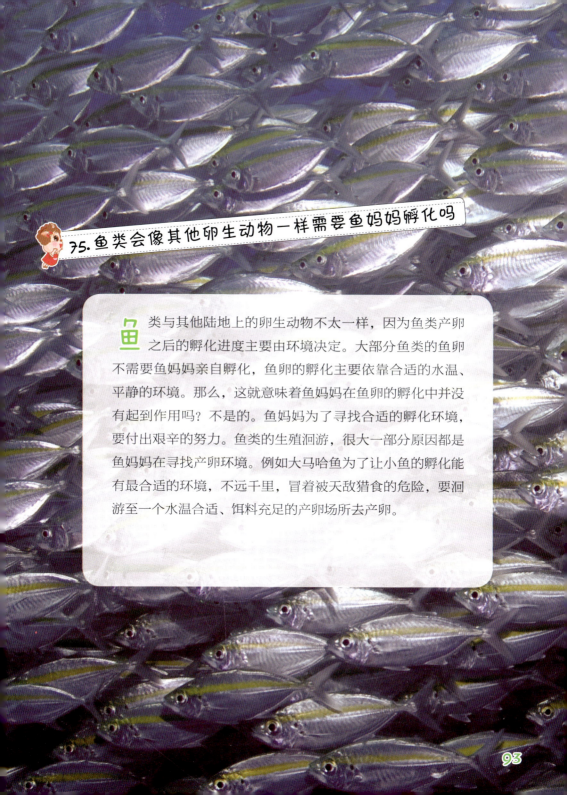

75. 鱼类会像其他卵生动物一样需要鱼妈妈孵化吗

鱼类与其他陆地上的卵生动物不太一样，因为鱼类产卵之后的孵化进度主要由环境决定。大部分鱼类的鱼卵不需要鱼妈妈亲自孵化，鱼卵的孵化主要依靠合适的水温、平静的环境。那么，这就意味着鱼妈妈在鱼卵的孵化中并没有起到作用吗？不是的。鱼妈妈为了寻找合适的孵化环境，要付出艰辛的努力。鱼类的生殖洄游，很大一部分原因都是鱼妈妈在寻找产卵环境。例如大马哈鱼为了让小鱼的孵化能有最合适的环境，不远千里，冒着被天敌猎食的危险，要洄游至一个水温合适、饵料充足的产卵场所去产卵。

76. 为什么鱼类产卵量这么大

鱼类的产卵量之大与鱼卵的成活率之低是分不开的。多数鱼类的鱼卵是排在自然水域中的，虽说产卵量可观，但实际上却并不是每一粒鱼卵都能够成功受精。很大一部分鱼卵不能受精，随着时间的流逝，慢慢地就坏死了。在弱肉强食的生物圈中，鱼卵还是很多动物的绝佳食物，有一些还来不及孵化就被吞食了。很多鱼卵即使孵化成功，小鱼也会因为抵抗力差，部分生病死亡。还有多变的自然灾害，在鱼卵孵化的过程中要是来了一场风暴，鱼卵就会被刮走一大部分。能够经历重重磨难存活下来的小鱼的数量就很少了。因而鱼类必须产出大量的卵，才能保证种族的传承。

鱼类的产卵量与鱼的护幼能力紧密相关。对于鱼卵保护不佳的鱼，其产卵量往往较多；相反，有着很强护幼能力的鱼类产卵量就会少得多。

总的来说，鱼类拥有这么大产卵量的原因是为了增加其后代存活的概率，也是在千百年的进化史中形成的自然法则。

77. 鲨鱼会是卵生动物吗

提到鲨鱼，可能你的心就提到了嗓子眼。在人们的印象中，鲨鱼是一种十分凶猛的动物，它们有着尖利的牙齿、庞大的体型，故有"海中狼"的称号。鲨鱼其实是比恐龙还早3亿年就出现在地球上的生物。鲨鱼个头通常很大，那它们怎样进行繁殖呢？它们会是卵生动物吗？

事实上，鲨鱼的繁殖方式有三种。

第一种是卵生鲨鱼。大部分的大型鲨鱼都采用卵生方式繁殖。例如大白鲨就是卵生鲨鱼。鲨鱼的卵通常很大，为小鲨鱼的发育提供了充足的营养。鲨鱼卵不同于鸡蛋、鸟蛋，它们通体是软软的，被一层垫形鞘的物质包裹着，鞘的每个角落都有一个角状物，这个角状物的作用是为了连通海水使卵获得氧气。卵生鲨鱼的卵通常会被固定在海底的珊瑚或石峰之间。

第二种是胎生鲨鱼。真鲨科的鲨鱼基本上都是胎生的，受精卵由一层角质包裹着，在鲨鱼妈妈体内成长，直到长成了幼鲨才会被产出体外。

第三种是卵胎生鲨鱼。卵胎生鲨鱼的卵子在体内受精，发育成新的个体后被产出体外。在母体中时，卵胎生鲨鱼的胚胎发育主要依靠的是卵自身储存的卵黄。例如星鲨就是卵胎生的鲨鱼。

78. 卵胎生的孔雀鱼排卵前有什么征兆

孔雀鱼是典型的卵胎生鱼类。它们外形绚烂多彩，生命力顽强，体长5厘米左右。雌性孔雀鱼从幼鱼经过3~4个月的生长就可以长成成熟的大鱼并开始排卵了，平均每个月可以排卵1次，1次排卵10~120粒不等。既然孔雀鱼属卵胎生的鱼类，那么就是体内受精，是由雄鱼将精子排入雌鱼体内，这种交配行为称为"交尾"，精子在雌鱼体内与卵子结合，等到发育成小鱼再由雌鱼排出体外排卵。

在孔雀鱼排卵之前，会有一些特殊的征兆，比如孔雀鱼的腹部会涨得很大；不喜欢和其他孔雀鱼待在一起，喜欢独处；还有些孔雀鱼在排卵前，尾部的黑斑颜色会加深。

除了性格温顺、长相美丽的孔雀鱼外，在广袤的海域中，还有剑尾鱼和灰星鲨等也是卵胎生的鱼类。

79. 小丑鱼是如何繁殖的

可能大家都看过《海底总动员》这部有趣的动画片,这部动画片的主人公就是一条红色的小丑鱼。

小丑鱼是对海葵鱼亚科鱼类的总称,它们生活在热带的咸水中,首先要提到的是小丑鱼是一种雌雄同体的鱼类。但它们的性别并非一直保持不变,准确地说小丑鱼的性别是由无性变为雄性,再由雄性转变为雌性,这便是小丑鱼的特殊之处了。在一个小丑鱼群之中,通常有一位领导者,这位领导者一定是雄性的小丑鱼,当领导者离开这个鱼群或是死亡,则这个鱼群中无性别、最具领导能力的小丑鱼会转化为雄性成为新的领袖。

说到小丑鱼的繁殖,正因为小丑鱼性别多变,所以其繁殖的前提是必须配对成功,当配对成功时,小丑鱼就会开始繁殖和产卵,每次产卵为数百粒至上千粒。在产卵期,小丑鱼们频繁地清理自己的产卵场所,用嘴巴扫除产卵地砂石、海草等。小丑鱼的卵是橙色的,在孵化期间,小丑鱼们会不停地用尾巴在卵面上摆动,清扫卵上的杂物,是为了保持干净,让鱼卵吸收到更多的氧气,孵化更快。经过鱼爸爸鱼妈妈十几天的孵化,小丑鱼宝宝就可以从卵中孵化出来了。

80. 食蚊鱼的繁殖是怎样的

食蚊鱼，是一种体型较小的淡水鱼类，它们靠捕食蚊虫的幼虫为生。食蚊鱼是一种卵胎生的鱼类，每年的4～10月都是它们的繁殖季节，春末夏初气温回升，蚊虫也变得多起来，食蚊鱼的食物充足，因此最适合它繁殖的季节是5～9月。雌雄食蚊鱼交配形成受精卵，并在母体内孵化。成熟的食蚊鱼每隔30～40天便可以产卵1次，每次产卵孵化的鱼苗有30～50尾。但是，刚刚出生的小鱼只能靠吃水里的一些浮游生物维持生命，直到它们长大，才能捕食蚊虫。

食蚊鱼是一种生命力非常顽强、繁殖能力也很强的鱼类，它们对水质水温的要求并不高，即使在天气寒冷的季节，它们也能够通过钻入水底淤泥或藏在丛生的水草之中等方式抵御寒冷。强大的繁殖能力和顽强的生命力使食蚊鱼占用了其他动物的生存空间，危害到了一些蛙类和蝾螈的生存。

你知道吗？被叫作蝌蚪的卵，其实既可以是青蛙的卵，也可以是蟾蜍的卵，这两种卵发育成的蝌蚪有什么不一样吗？蜜蜂的卵有两种，一种是受精卵，一种是非受精卵，这两种卵发育出来的蜜蜂有什么不同呢？水母有两种繁殖方式，一种是有性繁殖，一种是无性繁殖，它们是怎么实现的呢？在这一章，我们来了解这些有趣的事吧。

第六章 那些不叫蛋的卵的趣事

81. 青蛙卵和蟾蜍卵有什么不同

青蛙与蟾蜍同属于无尾目两栖动物的成员，从外形上区分二者的话，通常那些皮肤光滑、身材苗条、跳跃能力强的是青蛙；而皮肤粗糙、长相丑陋又不擅长跳跃的则是蟾蜍。那么，作为近亲的青蛙卵与蟾蜍卵有什么不同吗？

青蛙卵一般是成片状和块状产出的，单个卵的形状为较大的球状，颜色略带绿色，青蛙卵孵出的蝌蚪个头比较大；而蟾蜍卵总是排列成带状的，带内的蟾蜍卵一般排成两行，像穿在一起的珠子，蟾蜍卵孵出的蝌蚪呈黄色，尾巴很短。卵产出的时间也不同，青蛙的产卵时间通常在4月末到5月之间。每当春夏之交，在靠近水源的草地和树林间就能看到雄性青蛙趴在雌性青蛙的身上，蛙类的这种交配行为叫作"抱对"，和大多数鱼类一样，青蛙也是体外受精、体外发育的动物；而蟾蜍的产卵时间比青蛙要早一些，一般是在4月初。

蟾蜍虽然是有毒的蛙类，但从它身上提取的蟾酥和蟾衣却是十分名贵的药材，不管是青蛙还是蟾蜍，都是害虫的天敌，它们可都是捕捉害虫的能手，是我们人类的好朋友。

蟾蜍卵

青蛙卵

82. 青蛙为什么要把卵产在水中

春天，在小水洼、池塘或是湖面上，总能看见青蛙的卵，它们成块成片地聚集在一起，漂浮在水面上。鱼类生活在水里，所以它们理所当然要在水中产卵，青蛙是两栖动物，能够在陆地上生活，为什么还要把卵产在水中呢？难道青蛙卵只有在水中才可以孵化吗？

首先，青蛙是一种体外受精的卵生动物，雌性青蛙通常先将卵产在水边，雄性青蛙再把精子排入附近的水中，借助水的流动性，便于精子接近卵子。这样能够增加青蛙卵的受精可能性，以提高繁殖率。

其次，正如我们所见，青蛙卵是没有硬的外壳保护的，只有一层透明的胶质。青蛙把卵产在水中，有利于卵保持湿润和活力。

再次，青蛙将卵产在水里有利于它们的幼体小蝌蚪的成长。青蛙的发育过程要经过变态发育，作为幼体的小蝌蚪必须在水里才能生存的。蝌蚪在孵化之前的营养来源于蛋白质的代谢产物，而蛋白质的代谢离不开水；在蝌蚪还未完全发育成青蛙之前都是用鳃呼吸的，卵产在水中能使胚胎获得更多的氧气。长成成体的青蛙后，它们才能用肺和皮肤呼吸，适应陆地上的生活。

当然，还有一些种类的树蛙喜欢把卵产在水草或水边的树叶上，但是它们的卵孵化后长成的幼体还是要生活在水里的。

83. 蜂王控制的"孤雌生殖"是什么意思

在庞大的蜜蜂家族中，按照其职责可以分为蜂王、雄蜂和工蜂三种。蜂王是雌蜂，主要负责产卵，蜂卵通常要历经卵、幼虫、蛹和成虫四个发育阶段。雄蜂主要负责与蜂王交配，交配后雄蜂的生命会终结。而工蜂则负责喂养蜂王和照料幼年蜜蜂。

蜜蜂是一种"孤雌生殖"的物种，"孤雌生殖"也叫单性生殖，指的是植物或动物的卵子不经过受精而单独发育成后代的生殖方式。这种生殖方式存在于多种植物和无脊椎动物当中。也有一些爬行类动物中存在孤雌生殖。

蜜蜂的"孤雌生殖"指的是在一个蜜蜂家族中，只有一只雌性蜜蜂可以担任生殖的职责，这只雌性蜜蜂也是唯一生殖系统发育完全的蜜蜂。蜂王在与雄蜂交配完成时，可以将雄蜂的精子保存在体内很多年。在此后很多年产卵时，它都可以选择产出受精卵或者未受精卵，受精卵会发育为蜂王或者工蜂，而未受精卵则能够发育成雄蜂。

84. 娃娃鱼是怎样繁殖的

娃娃鱼的名字中虽然有个鱼字，但它们却不是鱼类。娃娃鱼的学名叫大鲵，是世界上现存的体型最大的两栖类动物，同时也是非常宝贵的两栖动物物种。大鲵体态肥胖憨厚，叫声犹如婴儿的啼哭声，所以被形象地称为"娃娃鱼"。娃娃鱼是中国国家一级保护动物。

在野外，大鲵多半喜欢阴凉潮湿的环境，生活在山间的小溪旁，它们是体外受精的卵生动物，通常在每年的七八月间产卵，雌鲵喜欢将卵产在岩石洞穴之中，每次产卵的数量在300粒左右，雌鲵产卵之后，雄鲵会负责卵的受精孵化和养育工作，它们通常会把尾巴蜷成半圆形来护住卵，努力使它们不被水流冲走或遭到天敌的侵害。经过2～3周的孵化期，大鲵宝宝们就孵化出来了。此时，雄鲵还会照顾自己的孩子，经过15～40天的时间，当大鲵宝宝们长大一些并有了自己生存的能力时，雄鲵才会离开。它们可以称得上是动物界非常有责任感的"超级奶爸"。

大鲵的产卵量虽然不少，而且它们的寿命在两栖类动物中算是比较长的，可是由于长期遭到捕杀，现存的娃娃鱼已经濒临灭绝。

85. 水母是怎样繁殖的

水母长得像一把伞或一口钟，身体非常柔软，没有骨骼，有很多须状触手，还具有摄食功能的口腕，有的通体透明，有的可以变色，有的还可以发光。作为一种古老的无脊椎动物，水母是海洋中的大型浮游生物，它们的身影遍布世界各大洋，体型最小的水母只有12毫米，而体型最大的水母张开触角甚至能达到数十米远。这些水母们是卵生动物吗？

答案是肯定的，水母不仅是卵生动物，还是一种非常特殊的卵生动物。它们是以有性生殖和无性生殖交替繁殖的。雌性水母和雄性水母结合后，在体外受精。受精卵沉入海底，一般会附着在岩石上，直到受精卵在水流或者水温的刺激下开始分裂。之后受精卵会变为水螅体。接下来水母就进入无性生殖阶段。水螅体分裂释放出多个碟状的水母幼体。经过多次复杂多样的变化，水母幼体最终会发育成水母。在水母的繁殖过程中，环境起着至关重要的作用，需要受到海水的刺激，水母的受精卵才能分裂。

水母的生殖有两种方式，分别是有性生殖和无性生殖。它们的繁殖与三大因素紧密相关，那就是水质、水温和水流。水母对于水温的要求并不高，一般5～30℃都可以繁殖。

86.蜘蛛是如何繁殖的

蜘蛛是我们生活中常见的动物。很多人都认为蜘蛛是昆虫，其实它们属于节肢动物中的蛛形纲，而并非昆虫。

大多数蜘蛛在交配方面都有特殊之处，那就是雄蜘蛛向雌蜘蛛传输精子的器官距离其产生精子的器官很远，这就使得蜘蛛交配的过程变得十分复杂。在雄蜘蛛向雌蜘蛛求爱之后，它们一般会吐丝织成一小块丝片，然后雄蜘蛛从产生精子的器官释放出精子，再用自己的触须像滴管一样将精子汲取上来，最后才能将这些精子输送到雌蜘蛛的体内。这里要特别提到的是，雄蜘蛛的精子只能传给同种的雌蜘蛛，所以蜘蛛的交配繁殖过程是一个非常复杂的过程。甚至有些种类的雄蜘蛛在完成交配之后会被雌蜘蛛吃掉。

完成了受精，那么就到了雌性蜘蛛产卵的阶段。雌蜘蛛在产卵之前，也会吐丝，它们吐丝织成一个卵袋，来收纳产下的蜘蛛卵，每个卵袋中可以容纳数百颗卵，小蜘蛛们就在这里孕育，而在孕育的过程中，蜘蛛妈妈一步也不会离开，甚至随身携带着这个卵袋直到孵化完成。刚孵化完成的小蜘蛛大多还不能独立进食，直到完成第一次蜕皮。

87. 蜗牛是通过无性生殖产卵的吗

提到蜗牛，我们脑海中浮现的就是身上背负着一个硬质外壳，身体柔软，头上有两个触角，行动速度非常缓慢的一种小动物。作为腹足纲的陆生动物，蜗牛令人类印象深刻的除了它非常缓慢的行动之外，还有它独特的繁殖方式。

那么，蜗牛繁殖的特殊之处究竟在哪里呢？原来大多数蜗牛是雌雄同体的软体动物，在蜗牛的家族中，大部分种类的雌性蜗牛和雄性蜗牛的体内均有卵子和精子，既然如此，那么所有种类的蜗牛都是无性生殖的吗？当然不是，大部分蜗牛的受精方式是体内受精。尽管这些蜗牛体内有精子也有卵子，但它们自身的精子和卵子却不能自行结合，需要通过异体交配才行。前鳃类蜗牛大都是雌雄异体的，仅雌性蜗牛能产卵；蜗牛当中的堀川氏烟管蜗牛是卵胎生的种类；只有少数种类的蜗牛是可以独立生殖的。

蜗牛的繁殖期相对比较长，每年的5~11月，它们都可以繁殖，每只蜗牛每年可产卵6~7次，每次产卵量因种类和体重差别通常是100~400粒不等，潮湿温和的天气是它们喜欢的交配时节，交配完成后的蜗牛比较喜欢将卵产在潮湿的泥土中，经过2~4周的孵化，小蜗牛就会破土而出。

蜗牛卵的孵化需要满足三个条件，即合适的温度、湿度和相对无菌的环境。首先是温度，最适合蜗牛卵孵化的温度为18~28℃，温度太高会导致小蜗牛"热死"，温度太低则孵化不出来；其次是湿度，过于湿润的环境会导致蜗牛卵腐坏，而太干燥也会使蜗牛卵干枯而死，所以湿度也要适宜；最后是环境，太多细菌的环境容易导致蜗牛卵被感染。

88.昆虫都是卵生的吗

在林林总总的昆虫世界中，除了卵生的繁殖方式外，还有着极少一部分昆虫是以腺养胎生为繁殖方式的。

大部分昆虫的繁殖方式都是卵生或者卵胎生。卵生之所以成为绝大多数昆虫的繁殖方式，是因为动物不断进化和选择的结果，昆虫的身体构造和生活习性使它们最适这种繁殖方式。

作为昏睡病的唯一传播媒介，采采蝇的繁殖方式非常奇特，采采蝇即舌蝇，它们主要分布在非洲及阿拉伯半岛，是一种既会吸血又会传播细菌的害虫。这种蝇类的母蝇不像其他昆虫那样每次都产大量的卵。它们每次只有1枚卵受精，受精后的卵不会被很快产出，而是留在母蝇的子宫内部继续生长发育。此时，它们靠汲取母体子宫内部一种特殊的腺体分泌的物质发育成长。所以昆虫的这种繁殖方式被称为"腺养胎生"。

腺养胎生是虱蝇科、蛛蝇科、蜂蝇科和舌蝇科昆虫所特有的繁殖方式。这些品种的幼蝇在母蝇的肚子里经过2次蜕皮的幼虫，直到第3龄时才会被产下，产下的幼虫一旦落地就会钻入土中继续生长，接着开始化蛹，最后破茧而出变为成虫。

采采蝇

互动问答
Mr. Know All

001. 关于母鸡下蛋下列哪一项说法是错误的？

A.是卵胎生繁殖
B.是有性繁殖
C.是卵生繁殖

002. 动物繁殖的方式主要分为几种？

A.两种
B.三种
C.四种

003. 关于蜜蜂的繁殖方式，下列哪一项说法是错误的？

A.可以是有性繁殖
B.只能是有性繁殖
C.可以是无性繁殖

004. 下列哪种动物不是无性繁殖的？

A.草履虫
B.水螅
C.狗

005. 没有雄性动物的参与，雌性动物能进行有性繁殖吗？

A.能
B.不能

006. 下列哪种动物的繁殖方式不属于有性繁殖？

A.草履虫
B.兔子
C.狗

007. 有性繁殖的优点不包括下列哪种？

A.良性基因可以全部得到遗传
B.基因更具有丰富性
C.有利于更好地适应周边的环境及进化

008. 有性繁殖和无性繁殖相比，哪种繁殖方式的优良基因的遗传效率比较高？

A.有性繁殖
B.两种繁殖方式的优良基因的遗传效率一样高
C.无性繁殖

009. 下列哪种动物的繁殖方式不是卵生？

A.狗
B.乌龟
C.鸽子

o10. 胎生动物在母体内如何获取养分？

A. 以受精卵中获取
B. 通过脐带从母体内获取
C. 直接吸食羊水获取

o11. 卵生动物的营养来源是什么？

A. 脐带
B. 胎盘
C. 受精卵本身

o12. 下列哪种动物的繁殖方式不是胎生？

A. 蛇
B. 虎
C. 狮

o13. 下列哪一项不是卵生动物的一般表现？

A. 哺乳
B. 产卵
C. 下蛋

o14. 只要是哺乳类动物就都是胎生动物吗？

A. 是
B. 不是

o15. 关于鱼类所产的卵，下列哪一项说法是错误的？

A. 鱼卵在水中的成活率非常高
B. 鱼类的产卵量通常很大
C. 鱼卵在水中的成活率非常低

o16. 关于卵生动物的，下列哪一项说法是错误的？

A. 常见的鸟类都是卵生动物
B. 大部分鱼类是卵生动物
C. 所有昆虫都是卵生动物

o17. 一般来说，卵的形状是什么样子的？

A. 圆球形或椭圆球形
B. 方形
C. 三角形

o18. 卵子是单个的雌性生殖细胞吗？

A. 是
B. 不是

o19. 关于动物的卵，下列哪一项说法是错误的？

A. 卵的形状一般为圆球形或椭圆球形
B. 不同动物的卵的大小差异是很大的
C. 所有动物的卵都是肉眼可见的

020.卵细胞主要由几个部分构成？

A.两个
B.三个
C.四个

021.关于动物的卵子，下列哪一项说法是错误的？

A.动物的卵子是已经成熟的雌性生殖细胞
B.动物的卵子和卵细胞是一回事
C.卵子由雌性动物生成

022.卵子和受精卵是一回事吗？

A.是
B.不是

023.女性一生当中大约能生成多少枚卵子？

A.100～200枚
B.200～300枚
C.400～500枚

024.下列哪一项说法是错误的？

A.动物体细胞内的染色体数目和生殖细胞内的染色体数目是一样的
B.卵细胞是高度分化的不具有全能性的细胞
C.受精卵没有分化，具有很高的全能性

025.关于卵，下列哪一项说法是错误的？

A.通常我们所说的动物的卵是指卵生动物所赖以繁衍生息的胚胎
B.所有鱼类的卵都是通过雌性的体外受精的方式而形成的
C.大多数鸟类的卵是在雌性体内受精后再产出体外孵化而形成的

026.关于卵生动物的卵的外被，下列哪一项说法是错误的？

A.有的外被是一层柔软的胶状物质
B.有的卵的外面则包裹着一层硬壳，这种卵通常被称为"蛋"
C."蛋"的外壳只有硬壳的一种

027.目前世界上最大的蛋是下列哪种动物的蛋？

A.鸵鸟
B.蜂鸟
C.鹅

028.鸡蛋中胎盘的作用是什么？

A.为胚胎提供发育的场所
B.提供营养
C.提供氧气

029.关于卵生动物产卵前的征兆，下列哪一项说法是错误的？

A.卵生动物产卵前通常不会有什么征兆

B.不同的卵生动物产卵的征兆是不一样的

C.卵生动物产卵前有什么征兆需要仔细观察才能得知

030.关于母鸡下蛋，下列哪一项说法是错误的？

A.有母鸡下蛋前会不停地"咯咯咯咯"叫

B.所有的母鸡下蛋前都变得更安静

C.警惕性会非常高

031.下列哪一项不属于鱼类产卵前的征兆？

A.一直在吐泡泡

B.雌鱼的腹部会比平时显得更加饱满柔软，甚至会跃出水面

C.雄鱼也会变得非常活跃，并且一直尾随着雌鱼到处游来游去，甚至会将雌鱼撞翻

032.下列哪一项是鱼类的受精方式？

A.体内受精

B.体外受精

C.单精受精

033.关于青蛙，下列哪一项说法是错误的？

A.青蛙的幼体和成体间差别不大

B.青蛙属于两栖类卵生动物

C.在青蛙的发育过程中，各阶段的生活方式和形态结构都有很大的变化

034.下列哪种卵生动物的受精方式不是体内受精？

A.昆虫类

B.两栖类

C.鸟类

035.飞蛾的发育属于下列哪一种？

A.完全变态发育

B.不完全变态发育

C.非变态发育

036.下列哪种卵生动物的发育方式不属于完全变态发育？

A.蝴蝶

B.苍蝇

C.蝉

037.卵胎生动物的存在情况如何？

A.存在，但很少

B.不存在

C.存在，且很多

038.关于卵胎生，下列哪一项是错误的？

A.卵胎生的动物种类非常多

B.卵胎生是介于卵生和胎生之间的一种动物繁殖方式

C.卵胎生动物的受精卵在母体内发育成成熟的新个体之后，再由母体产下来

039.下列哪种动物不属于卵胎生？

A.蝗虫

B.星鲨

C.蝮蛇

040.孔雀鱼的繁殖方式属于下列哪种？

A.卵生

B.卵胎生

C.胎生

041.下列哪种说法是错误的？

A.孔雀鱼是热带淡水鱼

B.孔雀鱼的繁殖能力比较强，号称"百万鱼"

C.孔雀鱼的幼鱼要经过3年的生长发育期才可以进入繁殖阶段

042.孔雀鱼最终产出的是鱼卵还是小鱼？

A.小鱼

B.鱼卵

043.生产和照顾小海马的任务是由谁完成的？

A.雄性海马

B.雌性海马

C.有时是雄性海马有时是雌性海马

044.雄性海马将自己尾部蜷缩起来是为了什么？

A.养病

B.休息

C.准备生产

045.雄性海马仰起的时候，它的育儿囊内就会喷出什么？

A.泡泡

B.小海马

C.海水

046.雌性海马在繁殖过程中主要起什么作用？

A.输送卵子给雄性海马

B.照顾海马宝宝

C.让受精卵在体内发育成熟后诞生出来

047.动物繁殖后代的方式有几种？

A.两种
B.三种
C.四种

048.关于卵胎生繁殖方式，下列哪一项说法是错误的？

A.是一种稀少而且特殊的繁殖方式
B.卵胎生动物的卵在母体内尚未发育成新个体就从母体中产出
C.又称为"半胎生"或"伪胎生"

049.下列哪种动物是卵胎生动物？

A.蝮蛇
B.青蛙
C.蝗虫

050.关于卵生、胎生和卵胎生，下列哪一项说法是错误的？

A.卵胎生是介于卵生和胎生之间的一种独特的动物繁殖方式
B.卵生和胎生两种繁殖方式在发育方式、营养来源和受精卵大小方面都存在差异
C.地球上卵胎生的动物种类非常多

051.鸭嘴兽是哪种类型的动物？

A.哺乳类
B.爬行类
C.鸟类

052.鸭嘴兽虽然是哺乳动物，但它们的生殖方式属于下列哪种？

A.卵胎生
B.胎生
C.卵生

053.雌性鸭嘴兽会给幼崽哺乳吗？

A.不会
B.会

054.关于鸭嘴兽如何繁育后代，下列哪一项说法是错误的？

A.雌性鸭嘴兽先将卵产出，再将卵孵化出来
B.鸭嘴兽一般会将卵产在巢穴中，每次产卵的个数一般不少于10个
C.鸭嘴兽独特的繁育方式是物种自身不断演化和自我选择的结果

055. 下列哪一著作中曾记录过一个带有神话色彩的人可以卵生的卵民国？

A. 《山海经》
B. 《穆天子传》
C. 《诗经》

056. 关于人的繁殖方式，下列哪一项说法是错误的？

A. 母亲只为胎儿提供生长发育的场所而不提供营养来源
B. 母亲通过十月怀胎，为我们提供了生命最初的生长发育场所及各种营养来源
C. 经过在母亲的子宫内 40 周左右的幸福时光，生命离开母体来到这个世界上

057. 人类为何用胎生、哺乳繁衍后代的方式？

A. 人类自身的选择
B. 物种进化的结果

058. 下列哪一项是鲫鱼的受精方式？

A. 体外受精
B. 体内受精

059. 下列哪一项是鸡的受精方式？

A. 体外受精
B. 体内受精

060. 鸡蛋都是受精卵吗？

A. 不全是
B. 全都是
C. 全都不是

061. 关于卵生动物产卵，下列哪一项说法是错误的？

A. 不同种类的卵生动物产卵的方式不尽相同
B. 不同种类的卵生动物产卵的过程不尽相同
C. 不同种类的卵生动物产卵的方式和过程都相同

062. 蛋是指下列哪些动物的卵？

A. 鸟类、两栖类和爬虫类
B. 鸟类和鱼类
C. 两栖类和鱼类

063. 关于蛋壳，下列哪一项说法是错误的？

A. 是胚胎外面包裹着的一层硬壳
B. 蛋壳上遍布的气孔是不能防水的
C. 蛋壳上遍布气孔可以帮助胚胎进行呼吸

064.关于卵生动物所产的蛋，下列哪一项说法是错误的？

A.从本质上说，蛋是卵的一种，是有壳的卵

B.卵生动物所产的蛋全都是受精的

C.卵生动物所产的蛋中有受精的也有未受精的

065.蛋的构成从外到内依次是什么？

A.蛋壳、蛋白、蛋黄

B.蛋壳、蛋黄、蛋白

C.蛋黄、蛋白、蛋壳

066.关于母鸡的生殖系统构成，下列哪一项分类是正确的？

A.由漏斗部、膨大部、峡部、子宫部和输卵管构成

B.由漏斗部、膨大部、峡部和子宫部构成

C.由子宫部和输卵管构成

067.鸡蛋的蛋黄在下列哪个部位形成？

A.膨大部

B.子宫部

C.漏斗部

068.鸡蛋蛋壳的内外膜是在下列哪个部位形成的？

A.子宫部

B.峡部

C.膨大部

069.母鸡膨大部的哪一部分形成稀蛋白？

A.前端

B.后端

C.中间

070.蛋壳中的主要成分是什么？

A.脂肪

B.蛋白质

C.碳酸钙

071.下列哪种物质不是蛋白的主要成分？

A.卵磷脂

B.蛋白质、核黄素

C.尼克酸、铁、钙和磷

072.关于蛋黄，下列哪一项说法是错误的？

A.主要由卵黄磷蛋白和卵磷脂组成

B.含有丰富的维生素、类胡萝卜素、叶黄素及钙、铁和磷等微量元素

C.蛋黄的凝结温度大约在75℃

073. 蛋壳之所以是硬的，主要是因为蛋壳中含有大量的什么物质？

A. 碳酸钙
B. 碳酸镁
C. 磷酸钙

074. 关于卵生动物的蛋的蛋壳，下列哪一项是错误的？

A. 蛋壳的形成需要大量的钙
B. 不同种类的卵生动物的蛋壳的硬度是相同的
C. 在动物产蛋期间不能营养不良，否则会直接影响蛋壳的形成和产蛋量

075. 蛋中的什么物质是蛋壳形成的催化剂？

A. 一种名为 OC-17 的蛋白质
B. 二氧化碳（CO_2）
C. 碳酸（H_2CO_3）

076. 关于外蛋壳膜，下列哪一项是错误的？

A. 外蛋壳膜是蛋壳的表面所覆盖着的一层肉眼可见的薄膜
B. 它是不透明且无结构的
C. 它的主要作用是保护蛋，防止蛋的水分蒸发和蛋在孵化的过程中有细菌侵入

077. 壳下膜分为哪两部分？

A. 蛋壳内膜和蛋壳膜
B. 蛋壳外膜和蛋壳
C. 蛋壳内膜和蛋壳外膜

078. 碳酸钙在蛋壳中所占的比例是多少？

A. 大约 73%
B. 大约 83%
C. 大约 93%

079. 蛋壳中含有下列哪种有机物？

A. 碳酸镁
B. 胶原蛋白质
C. 磷酸钙

080. 下列哪一项说法是错误的？

A. 蛋黄外覆盖着一层薄而透明的膜，也就是卵黄膜
B. 蛋黄通常呈透明的油质乳状
C. 蛋黄的体积通常占整颗蛋体积的 30% 左右

081. 蛋黄中能够受精并孵化发育成小动物的是什么？

A. 胚胎
B. 卵黄膜
C. 胚珠

082.什么是胚珠？

A.蛋黄中受精的胚胎
B.胚盘
C.蛋黄中未受精的胚胎

083.没有蛋黄的蛋能孵化吗？

A.能
B.不能

084.蛋黄呈现黄色，主要是因为其含有什么？

A.核黄素、叶黄素和玉米黄素
B.叶绿素
C.维生素A

085.叶黄素和玉米黄素主要存在于哪里？

A.动物体内
B.植物中
C.人体内

086.叶黄素属于下列哪类物质？

A.茶黄色素
B.花青素
C.胡萝卜素

087.叶黄素和玉米黄素为什么存在于蛋黄中？

A.因为动物吃了含这两种物质的食物
B.动物妈妈自己产生的
C.人工添加的

088.蛋系带可以传输养分吗？

A.可以
B.不可以

089.蛋系带中不含下列哪种物质？

A.蛋白质
B.涎酸
C.叶黄素

090.关于蛋系带，下列哪一项说法是错误的？

A.蛋系带是肉眼看不见的一根细带
B.蛋系带能把蛋黄牢牢地固定在蛋的中央，可以对蛋黄起到减震和保护作用
C.蛋系带是位于蛋白和蛋黄间的两根细细的、白色的系带

091.蛋系带所连接了蛋的哪两部分？

A.蛋壳和蛋白
B.蛋壳和蛋黄
C.蛋白和蛋黄

092.下列哪一项说法是错误的?

A.蛋白的作用是固定蛋黄
B.蛋白可以保护蛋黄
C.蛋白具有一定的黏度和一定的厚度

093.蛋白的作用不包括下列哪一项?

A.为胚胎提供营养,保护胚胎,是一种缓冲剂
B.具有抗菌作用
C.含有胚胎,可以孵化出小动物

094.新鲜生鸡蛋的蛋白能抑制金黄色葡萄球菌吗?

A.能
B.不能

095.蛋白的PH值是什么性质的?

A.酸性
B.中性
C.弱碱性

096.鸡蛋壳之所以带有颜色,主要是由下列哪种物质决定的?

A.卵壳卟啉
B.黑色素
C.叶绿素

097.下列哪一项说法是错误的?

A.遗传基因方面的因素也对鸡蛋壳的颜色产生一定的影响
B.母鸡体内出现病变的话,也会对其所产蛋的蛋壳颜色产生影响
C.鸡的饲粮不同,不会对其所产蛋的蛋壳颜色有影响

098.下列哪一项说法是错误的?

A.褐壳蛋鸡所产的蛋通常是褐色的
B.褐壳蛋鸡所产的蛋只会是褐色的
C.褐壳蛋鸡与白壳蛋鸡杂交的话,其后代所产的蛋的颜色可能会变浅

099.给母鸡服用药物为什么会使蛋壳变色?

A.因为药的颜色是浅色
B.因为药物过期了
C.因为药物干扰了母鸡体内色素的形成

100.理论上讲一枚蛋可以孵化出两只动物吗?

A.可以
B.不可以

101. 双黄蛋孵化出小动物的成功率大吗?

A. 较大
B. 很小
C. 很大

102. 双黄蛋的空间能容纳两只小动物吗?

A. 能
B. 不能

103. 关于双黄鸡蛋的表述,下列哪一项是错误的?

A. 双黄蛋通常比正常的蛋要大很多,蛋壳也更加坚固
B. 母鸡体内两个卵细胞同时成熟并一起脱离,在输卵管中相遇,然后被蛋白和蛋壳所包裹,便形成了双黄蛋
C. 双黄蛋的形成表明母鸡的生殖系统是正常的,是母鸡正常的卵巢活动

104. 双黄鸡蛋具有食用价值吗?

A. 具有
B. 不具有

105. 母鸡在待产期间受到惊吓有可能产出双黄蛋吗?

A. 不可能
B. 有可能

106. 多黄蛋存在吗?

A. 存在
B. 不存在

107. 三黄蛋的出现概率如何?

A. 很大
B. 很小
C. 比较大

108. 多黄蛋和普通蛋在外形上有什么区别?

A. 蛋壳颜色不一样
B. 蛋的形状不一样
C. 通常不容易分清蛋的大头和小头

109. 多黄蛋具有食用价值吗?

A. 有
B. 没有

110. 蛋通常是什么形状的?

A. 有棱角的方形
B. 正圆形
C. 一头大一头小的椭圆形

111. 关于蛋的形状，下列哪一项说法是错误的？

A. 动物妈妈想生什么形状的蛋就可以生什么形状的
B. 椭圆形的蛋能够减轻动物妈妈们在生产时的痛苦
C. 椭圆形比较稳固，使得蛋在产出时候不容易破碎

112. 下列哪一项不是影响蛋的形状形成的因素？

A. 地球引力的影响
B. 动物所摄取的食物的种类
C. 动物妈妈在产蛋时产道挤压

113. 母鸡在产蛋时输卵管为什么要不断蠕动？

A. 为了使鸡蛋不断向下移动
B. 为了使鸡蛋不断向上移动
C. 为了卡住鸡蛋

114. 鸡蛋中的气室位于鸡蛋的哪一部分？

A. 小头端
B. 大头端
C. 中部

115. 如果正在孵化的小鸡蛋太圆或太长，会有怎样的影响？

A. 方便小鸡啄破蛋壳
B. 为小鸡提供了更大的生存空间
C. 会给小鸡啄破蛋壳带来很大的阻力

116. 目前世界上最大的鸟蛋是什么蛋？

A. 火烈鸟蛋
B. 鸵鸟蛋
C. 鹌鹑蛋

117. 目前世界上最小的鸟蛋是什么蛋？

A. 鸸鹋蛋
B. 翠鸟蛋
C. 蜂鸟蛋

118. 下列哪一项是目前已知的世界上现存最大的鸟类？

A. 鸵鸟
B. 象鸟
C. 恐鸟

119.关于蜂鸟，下列哪一项说法是错误的？

A.蜂鸟主要生活在南美洲地区，是世界上最小的鸟类
B.吸蜜蜂鸟是世界上最小的鸟，它们的蛋也是世界上最小的鸟蛋
C.蜂鸟可以向后飞行，目前已知的种类有1000多种

120.成年的母鸡大约多久产1次蛋？

A.20小时
B.35小时
C.25小时

121.鸡的产蛋率何时会逐渐达到一个高峰？

A.母鸡长到第28周大的时候
B.母鸡长到第21周大的时候
C.母鸡长到第72周大的时候

122.关于动物下蛋周期，下列哪一项说法是错误的？

A.有的卵生动物发育成熟后每天都产蛋，如鸡类
B.所有的卵生动物发育成熟后每天都产蛋
C.有的卵生动物发育成熟后每年只产1次蛋，如企鹅

123.企鹅1年产几次蛋？

A.1次
B.2次
C.3次

124.人工可以孵化卵生动物的蛋吗？

A.可以
B.不可以

125.人工如何孵化动物的蛋？

A.人坐在蛋上
B.把蛋埋起来
C.运用科技模拟孵蛋的环境

126.人工孵化蛋需要的条件不包括下列哪一项？

A.充足的阳光和温差
B.温度、湿度、通风
C.种蛋的选择、保存和消毒

127.受精的蛋成功孵化的概率是100%的吗？

A.是
B.不是

128.下列哪一项不属于影响蛋的孵化成功率的因素？

A.受精的蛋的孵化环境

B.受精的蛋有无受到感染

C.受精的蛋的外壳的颜色

129.在蛋孵化失败的原因中，来自雌性动物的原因不包括下列哪一项？

A.雌性卵生动物会吃掉受精的蛋

B.雌性卵生动物缺少孵化经验，不够认真专注

C.雌性卵生动物营养不良

130.鸟类都是卵生动物吗？

A.不是

B.是

131.关于鸟类，下列哪一项说法是错误的？

A.鸟类的体温不是恒定的

B.鸟类都有两足

C.鸟类属于脊索动物

132.鸟类都具有羊膜卵吗？

A.都没有

B.只有少数鸟类有

C.都有

133.胎生的繁殖方式适合鸟类吗？

A.适合

B.不适合

134.下列哪一项说法是错误的？

A.雌鸟会装饰自己的巢穴、送食物给雄鸟以求得它们的注意

B.鸟类的繁殖是有性繁殖，需要雄鸟和雌鸟共同的作用

C.雄鸟漂亮的羽毛、悦耳的叫声和优美的舞姿，在鸟类的繁殖期，都有助于提高追求雌鸟的成功率

135.大多数鸟类在繁殖之前通常会筑巢吗？

A.不会

B.会

136.雄鸟一般在家庭中不扮演什么角色？

A.孵化鸟蛋

B.获取食物来供给雌鸟

137.主要负责保卫鸟巢及家人的安全所有的鸟类都自己孵蛋育雏吗？

A.是

B.不是

138. 关于杜鹃，下列哪一种说法是错误的？

A. 大多数杜鹃不自己筑巢，而是把自己的鸟蛋产在其他鸟类的巢中

B. 大多数杜鹃不自己孵卵和育雏，而是靠别的鸟妈妈孵化养育它们的宝宝

C. 所有的杜鹃都不自己筑巢、孵卵和育雏

139. 率先孵化出壳的小杜鹃会对所寄养的巢穴中的其他鸟的鸟蛋有什么行为？

A. 保护这些鸟蛋

B. 将其翻出鸟巢

C. 啄破并吃掉这些鸟蛋

140. 杜鹃独特的繁育方式被称为什么？

A. 孵卵寄生

B. 胎生

C. 卵胎生

141. 关于鸟蛋下列哪一项说法是错误的？

A. 同一种类鸟的鸟蛋都是完全相同的

B. 鸟蛋的结构都由蛋壳、蛋白和蛋黄组成

C. 鸟蛋的形状也大都是一头大一头小的椭圆体

142. 鸟类的蛋都长一个样吗？

A. 一样

B. 不一样

143. 关于鸟蛋的颜色，下列哪一项说法是错误的？

A. 朱雀、八哥、画眉和知更鸟的蛋通常都是粉色的

B. 有的鸟蛋上分布着花纹或斑点，如山雀、鹌鹑、黄鹂等鸟类的蛋

C. 常见的纯色鸟蛋有白色、象牙色、米黄色、棕色、灰色等

144. 杜鹃的蛋是什么颜色的？

A. 米黄色

B. 蓝色或蓝绿色

C. 颜色不固定，随环境的变化而变化

145. 下列哪一项是鸟蛋外壳的作用？

A. 为小鸟宝宝生长发育提供蛋白质

B. 为小鸟宝宝生长发育提供一个很好的成长场所

C. 为小鸟宝宝生长发育提供水分

146.鸟蛋蛋壳上的斑点是怎样形成的？

A.输卵管壁所分泌的色素沉积在蛋壳表层而形成的
B.子宫内的碳酸钙不断沉积形成的
C.鸟蛋被细菌感染而形成的

147.关于鸟蛋蛋壳上的斑纹，下列哪一项说法是错误的？

A.保护蛋避开天敌和掠食者
B.纯粹是为了美观
C.可以起到加固蛋壳的作用

148.下列哪一项不属于影响鸟蛋颜色和蛋壳上斑纹的因素？

A.禽鸟的遗传和基因
B.禽鸟饲粮中着色物质所占的比重、待产期雌性禽鸟受到惊吓与否、禽鸟类常见的一些病患
C.雌鸟羽毛的颜色

149.鸟类的繁殖期都是一样的吗？

A.是
B.不是

150.鸟类选择的繁殖期对气候和食物有要求吗？

A.没有
B.有

151.下列关于鸟类的性成熟期说法有误的是哪一项？

A.大多数鸟类的性成熟在1岁的时候
B.鹰类则需要4～5年的时间才到性成熟期
C.鸥类通常需要1年时间就可以达到性成熟

152.有在秋冬季节繁殖的鸟类吗？

A.有
B.没有

153.下列哪一项说法是错误的？

A.鸵鸟选择"一雄一雌"的方式来进行繁殖
B.鸵鸟选择"一雄多雌"的方式来进行繁殖
C.同一个鸵鸟巢穴中的鸵鸟蛋并不完全由同一只雌鸟所产

154.孵化鸵鸟宝宝的工作通常由谁来完成？

A.只有雌鸵鸟
B.雄鸵鸟和雌鸵鸟共同完成
C.只有雄鸵鸟

155.鸵鸟宝宝通常经过多长时间可以孵化出来？

A.6 周左右
B.10 周左右
C.12 周左右

156.下列哪一项不是喜鹊的栖居地？

A.南极洲、大洋洲和中、南美洲
B.欧洲大陆
C.亚洲大陆

157.在开始繁殖之前，喜鹊首先要做的准备工作是什么？

A.筑巢
B.孵卵
C.育雏

158.一般从什么时候起，喜鹊就开始"浩大"的筑巢工程了？

A.冬季
B.秋季
C.早春

159.雌喜鹊孵卵多久，小喜鹊就可以破壳来到这个世界上了？

A.7 天左右
B.17 天左右
C.27 天左右

160.乌鸦的蛋一般是什么颜色的？

A.纯白色的
B.纯黑色的
C.带有一些褐色的斑点的灰绿色

161.乌鸦繁殖期的产蛋量通常有多少？

A.只有 1 枚
B.6～7 枚
C.10～11 枚

162.小乌鸦的孵化时间通常需要多久？

A.16～20 天
B.30～34 天
C.40～44 天

163.乌鸦破壳而出便能离巢自由飞翔了吗？

A.能
B.不能

164.鹦鹉的繁殖方式属于下列哪种？

A.卵生
B.胎生
C.卵胎生

165. 一般情况下雌雄性虎皮鹦鹉交配多少天后开始产蛋？

A. 2 周后
B. 3 周后
C. 1 周后

166. 虎皮鹦鹉孵化工作完成后，雌性虎皮鹦鹉会怎样？

A. 会依旧留在幼鸟身边对其进行喂养和保护
B. 会马上离开幼鸟
C. 会立刻将幼鸟赶走

167. 虎皮鹦鹉的孵化期一般是多长时间？

A. 18 天左右
B. 30 天左右
C. 60 天左右

168. 蜂鸟的孵化期通常多久？

A. 8～10 天
B. 30～40 天
C. 14～23 天

169. 蜂鸟每次通常产几枚蛋？

A. 3 枚
B. 2 枚
C. 4 枚

170. 蜂鸟在筑巢时有什么特点？

A. 只有雌鸟筑巢
B. 只有雄鸟筑巢
C. 雄鸟和雌鸟共同筑巢

171. 蜂鸟幼鸟破壳之后需要妈妈喂食吗？

A. 需要
B. 不需要

172. 孔雀开屏属于什么行为？

A. 既是防御行为也是生殖行为
B. 只是防御行为
C. 只是生殖行为

173. 孔雀的繁殖期通常在什么时候？

A. 11～12 月
B. 8～9 月
C. 3～5 月

174. 开屏的孔雀通常是雄性的还是雌性的？

A. 雄性
B. 雌性
C. 都可以

175. 在繁殖期内1只雌性孔雀1次通常能产多少枚蛋？

A.14～18枚
B.4～8枚
C.24～28枚

176. 下列哪一项说法是错误的？

A.企鹅是卵胎生动物，它们虽然也产卵，但主要依靠哺乳的方式养育幼雏
B.企鹅通常会选择在南半球的春天和夏天进行繁殖
C.大多数企鹅1年繁殖1次，少数种类的企鹅1年会繁殖2次，还有的企鹅种类3年才繁殖2次

177. 企鹅在孵卵期由谁来负责孵卵的？

A.只有雌性企鹅
B.只有雄性企鹅
C.雌性企鹅和雄性企鹅共同参与

178. 大多数企鹅在繁殖期1次通常能产多少枚蛋？

A.1～2枚
B.3～4枚
C.5～6枚

179. 下列哪一项说法是错误的？

A.企鹅的孵卵期因种类的不同而各有差异，有的只要1个多月，而有的则需要七八个月
B.小企鹅破壳而出后就可以马上离开父母独立生活了
C.小企鹅通常要经过24～48小时才能啄破蛋壳出来

180. 麻雀的繁殖能力怎样？

A.很弱，1年只能产1枚蛋
B.比较强，只要温度适宜，1年当中大多数时间都在繁衍
C.通常1年产蛋1次，1次产蛋6枚左右

181. 雌性麻雀通常1次约能产下多少枚蛋？

A.1枚
B.6枚
C.10枚

182. 通常情况下麻雀孵化几周之后，小宝宝便可破壳而出？

A.2周
B.4周
C.6周

183.破壳之后小麻雀还需要在巢里待多久才能独立？

A.1 个月左右
B.2 个月左右
C.3 个月左右

184.没有公鸡，母鸡可以下蛋吗？

A.可以
B.不可以

185.母鸡的卵子不通过与公鸡的精子结合，那么它们生下来的蛋是什么蛋？

A.受精蛋
B.未受精的蛋

186.受精蛋通常经过多少天的孵化可以孵化出小鸡？

A.5 天
B.13 天
C.21 天

187.母鸡为什么会产下未受精的鸡蛋？

A.受公鸡影响
B.受自身生理规律的调控
C.因为病患

188.母鸡在孵蛋时是每天 24 小时坐在鸡蛋上完全不离开吗？

A.是
B.不是

189.母鸡孵蛋时为什么要坐在鸡蛋上？

A.保证鸡蛋不被公鸡误食
B.为受精蛋孵化保持温度
C.为受精蛋孵化保持湿度

190.母鸡的体温一般是多少？

A.10.5 ~ 22℃
B.20.5 ~ 32℃
C.40.5 ~ 42℃

191.公鸡会积极参与受精卵的孵化工作吗？

A.会
B.不会

192.鸡蛋的蛋黄和蛋白在什么时间段形成速度相对更快？

A.白天
B.夜晚

193. 鸡蛋的蛋壳在什么时间段形成速度更快？

A. 白天
B. 夜晚

194. 夏天母鸡的产蛋量比平时更多还是更少？

A. 更多
B. 更少

195. 下列哪一项做法不能增加母鸡的产蛋量？

A. 增加鸡舍的光照；将公鸡与母鸡放一起混养
B. 预防和减少母鸡的病患；夏天剪掉一些鸡毛
C. 减少母鸡的日常饲料

196. 小鸡通常需要经过多少天才能从蛋壳中出来？

A. 10 天
B. 15 天
C. 21 天

197. 小鸡在蛋壳中借助什么进行呼吸？

A. 气室
B. 系带
C. 卵黄

198. 小鸡啄破蛋壳而出通常需要多长时间？

A. 5 分钟
B. 1～3 小时
C. 10 小时

199. 鸭子的产蛋量和品种有关系吗？

A. 有
B. 没有

200. 正常情况下，绍兴鸭的年产蛋量是多少？

A. 100 枚左右
B. 150 枚左右
C. 280 枚左右

201. 金定鸭的年产蛋量是多少？

A. 200～210 枚
B. 260～270 枚
C. 320～330 枚

202.关于鹅蛋,下列哪一项说法是错误的?

A.鹅蛋通常呈圆形
B.鹅蛋的体积通常很大,1枚普通的鹅蛋就相当于两三枚鸡蛋的大小
C.鹅蛋的蛋壳一般是白色的

203.鹅的繁殖方式属于下列哪种?

A.卵生
B.胎生
C.卵胎生

204.鹅的繁殖期通常是什么时候?

A.5～6月
B.9月到次年4月
C.7～8月

205.爬行类动物按照其头骨上颞孔的数目和位置可以分为几类?

A.四大类
B.三大类
C.两大类

206.目前已知的现存爬行动物中的喙头目只存在于哪里?

A.澳大利亚
B.新西兰
C.巴西

207.所有的爬行动物的繁殖方式都是卵生的吗?

A.不全是,还有部分是卵胎生的
B.是的,全都是卵生的

208.下列哪一项中的爬行动物的繁殖方式不属于卵生?

A.棱皮龟、戴帽
B.扬子鳄、湾鳄、尼罗鳄
C.海蛇、蝮蛇、胎生蜥、铜石龙蜥

209.下列哪一项说法是错误的?

A.各种蛙类是无尾目两栖动物的代表
B.现存的两栖动物有7000多种
C.现存两栖动物分为无尾目、有尾目和蚓螈目

210.两栖类动物的繁殖方式有哪些?

A.只有卵生
B.卵生、胎生和卵胎生都有
C.只有卵胎生

211.一般情况下,在水中产卵的两栖动物与陆地上产卵的两栖动物相比,哪种的产卵量高?

A.水中产卵的两栖动物高一些
B.陆地上产卵的两栖动物高一些
C.二者都一样高

212.关于无尾目两栖动物的繁殖，下列哪一项说法是错误的？

A.在陆地上产卵的无尾目产卵量普遍低于水中产卵的无尾目物种
B.负子蟾通常会把卵产在水中
C.雨蛙和姬蛙习惯把卵产在树叶上、树洞中乃至水果上

213.海龟繁殖的高峰时期通常是在什么季节？

A.春夏季节
B.春秋季节
C.秋冬季节

214.关于海龟繁殖，下列哪一项说法是错误的？

A.海龟性成熟时间长短不一，少则3~5年，多则30~50年，大多数在20年左右
B.海龟的交配时间一般会维持几分钟
C.大多数种类的海龟都是洄游性的，它们产卵时必须返回到陆地上

215.关于海龟产卵，下列哪一项说法是错误的？

A.雌海龟完成交配产卵之前会先在沙滩上挖一个洞穴
B.海龟1年通常产3次卵，产卵总量从数十枚到数百枚不等
C.雌海龟产卵后会不吃不喝直到小龟孵化出来

216.关于龟卵的孵化，下列哪一项说法是错误的？

A.小海龟都是由雌海孵化的
B.龟卵会在沙滩里自然孵化，孵化温度通常为28~30℃
C.经过49~70天的时间小海龟便会破壳而出了

217.壁虎的繁殖方式属于下列哪一种？

A.都是卵生
B.卵生和卵胎生都有
C.都是卵胎生

218.壁虎通常习惯在什么季节产卵？

A.春季
B.夏季
C.秋季

219.壁虎通常1年产几次卵？

A.1次
B.2次
C.3次

220. 壁虎的卵通常需要雌性壁虎孵化多久才能破壳而出？

A.2 个月左右

B.3 个月左右

C.1 个月左右

221. 关于蜥蜴的繁殖，下列哪一项说法是错误的？

A.大多数蜥蜴通常 1 年繁殖很多次

B.大多数蜥蜴通常 1 年繁殖 1 次

C.岛蜥、疣尾蜥虎和截趾虎等终年都可以繁殖

222. 蜥蜴的繁殖方式是怎样的？

A.只有卵生的方式

B.只有卵胎生的方式

C.卵生和卵胎生都有

223. 繁殖方式是卵生的蜥蜴通常每次产多少枚卵？

A.1 枚到十几枚

B.100 枚左右

C.200 枚左右

224. 下列哪种蜥蜴没有孤雌繁殖行为？

A.科莫多巨蜥

B.鳄蜥

C.鞭尾蜥

225. 蛇类的受精方式是怎样的？

A.都是体内受精

B.都是体外受精

C.既有体内受精也有体外受精

226. 关于蛇类的繁殖方式哪种表述最科学？

A.卵生

B.卵胎生

C.大都是卵生，也有卵胎生

227. 关于蛇类的繁殖，下列哪一项说法是错误的？

A.大多数卵生蛇类的雌蛇产卵后不会进行孵卵，而让卵在空气中自己成长

B.蛇类的体温足够达到孵化蛇卵的温度

C.蟒蛇通常是产卵后就把蛇卵卷在体内，在幼蛇孵化出来之前是不会轻易离开蛇卵的

228. 下列哪种蛇的繁殖方式不是卵胎生的？

A.海蛇

B.蝮蛇

C.眼镜王蛇

229. 世界上体型最大的蛇是下列哪种？

A. 蝰蛇科
B. 眼镜蛇科
C. 蚺科

230. 绿水蚺的受精卵通常要在母体内生长多久后产出？

A. 6～7周
B. 3周左右
C. 10周左右

231. 绿水蚺的求偶和交配大都在哪里进行？

A. 陆地上
B. 树上
C. 水中

232. 下列哪种是绿水蚺的繁殖方式？

A. 卵生
B. 卵胎生
C. 胎生

233. 人工孵化蛇蛋的温度通常是多少？

A. 20～30℃
B. 5～10℃
C. 30～40℃

234. 人工孵化蛇蛋的湿度是多少？

A. 50%～70%
B. 不低于50%
C. 70%以上

235. 关于人工孵化蛇蛋，下列哪一项说法是错误的？

A. 人工孵化蛇卵过程中一般需要苔藓或者干净新鲜的青草覆盖在蛇蛋上
B. 人工孵化蛇蛋时对蛇蛋的排放顺序和方式没什么要求
C. 人工孵化蛇蛋过程中，还要注意翻蛋和验蛋，翻蛋的频率通常为1周1次

236. 鳄鱼的繁殖方式是下列哪一种？

A. 卵生
B. 胎生
C. 卵胎生

237. 鳄鱼的孵化温度通常是多少？

A. 10～20℃
B. 40～49℃
C. 30～33℃

238.关于鳄鱼繁殖,下列哪一项说法是错误的?

A.鳄鱼蛋孵化的时间通常是 3 周左右
B.自然孵化的鳄鱼蛋通常是利用太阳光的温度和巢穴周边的植物受湿发酵产生的热量来孵化的
C.鳄鱼的性别通常取决于鳄鱼蛋孵化的温度

239.小鳄鱼在即将破壳时会发出叫声吗?

A.会
B.不会

240.雌鳄鱼听到小鳄鱼在蛋壳内的呼唤会有什么反应?

A.做出刨沙子的动作
B.大声咆哮
C.绕着巢穴来回走动

241.鳄鱼蛋孵化的时间通常是多少天?

A.40～55 天
B.75～90 天
C.100～105 天

242.小鳄鱼即将破壳时为什么要在壳中发出声音?

A.小鳄鱼声音发育的需要
B.为了给自己加油
C.为了告诉妈妈自己要出生了,并且防御敌人

243.鱼类的受精方式有哪些?

A.只有体内受精的方式
B.体内受精和体外受精都有
C.只有体外受精的方式

244.鱼类的繁殖方式有哪几种?

A.只有卵生和胎生
B.只有卵生和卵胎生
C.卵生、胎生和卵胎生

245.下列哪种鱼是卵胎生的?

A.剑尾鱼
B.鲫鱼
C.黄鱼

246.下列哪种鱼是卵生的?

A.鲤鱼
B.孔雀鱼
C.剑尾鱼

247.翻车鱼每次的产卵量可以多达多少？

A.3 亿粒左右
B.300 粒左右
C.3000 粒左右

248.齿鲤鱼在产卵期的产卵量通常是多少？

A.200 粒左右
B.20 粒左右
C.2000 粒左右

249.草鱼 1 次通常产多少粒卵？

A.20 粒左右
B.3 亿粒左右
C.50 万粒左右

250.海里的鳗鲡 1 次产卵量通常是多少？

A.上千万粒
B.20 粒左右
C.500 粒左右

251.大多数鱼类在什么地方产卵？

A.石头上
B.水草里
C.开阔的水域

252.鱼类产在海藻上的卵属于什么卵？

A.黏性卵
B.非黏性卵
C.浮游卵

253.生活在海里的虾虎鱼喜欢在哪里产卵？

A.水草上
B.贝类的空壳当中
C.水底的岩石上

254.鱼类的产卵周期都一样吗？

A.一样
B.不一样

255.大多数鱼类喜欢选择在什么季节产卵？

A.春夏季
B.秋季
C.冬季

256.大马哈鱼通常在什么时候产卵？

A.10～11 月
B.7～8 月
C.9～11 月

257. 下列哪种现象不属于卵生鱼类在产卵前的表现？

A. 雄鱼首先会在产卵场吐出浓密的泡泡，作为雌鱼产卵的巢
B. 雄鱼会唱歌来吸引雌鱼的注意力
C. 雌鱼在产卵前，输卵管会十分突出，用肉眼就能看到鱼身上会有一根管状物

258. 关于大青鲨繁殖，下列哪一项说法是错误的？

A. 雌大青鲨的身体内有卵黄囊胎盘，一般经过9～12个月的妊娠期，通常每胎可以产4～100只幼鲨
B. 雌鲨鱼进入产卵期后，雄鲨在追求它们的过程中会通过咬雌鲨来表达求偶的意愿
C. 大青鲨的繁殖方式是卵生，每次产卵量4～100粒

259. 下列哪种性别的大青鲨的皮层更厚？

A. 雌性大青鲨
B. 雄性大青鲨

260. 只在海水中洄游的鱼类有哪些？

A. 带鱼和黄鱼
B. 鳗鲡
C. 大马哈鱼

261. 只在淡水中洄游的鱼类有哪些？

A. 大马哈鱼
B. 青鱼和草鱼
C. 带鱼和黄鱼

262. 大马哈鱼一生中繁殖几次？

A. 一次
B. 两次
C. 三次

263. 翻车鱼是世界上产卵最多的鱼类吗？

A. 是
B. 不是

264. 到了繁殖的季节，雄性翻车鱼为什么要到海底的空地将泥沙挖开？

A. 准备活动场所
B. 给雌性翻车鱼准备产床
C. 准备睡觉的地方

265. 翻车鱼是体外受精的鱼类吗？

A. 是
B. 不是

266. 翻车鱼一次最多能产多少粒卵？

A. 上万粒
B. 1000 粒
C. 3 亿多粒

267. 按照生活的水域划分，鱼类分为哪两种？

A. 大型鱼类和小型鱼类
B. 暖水鱼类和冷水鱼类
C. 淡水鱼类和咸水鱼类

268. 咸水中的细菌比淡水中的细菌多还是少？

A. 多
B. 少

269. 咸水鱼和淡水鱼中，哪种鱼卵的孵化率和小鱼的存活率较高？

A. 咸水鱼
B. 淡水鱼

270. 咸水鱼的后代比淡水鱼的后代生命力强还是弱？

A. 相对强一些
B. 相对弱一些

271. 当雌鱼产卵时雄鱼还没有发育成熟，这时雌鱼产下的卵可以孵化吗？

A. 不可以
B. 可以

272. 下列哪一项中的鱼孵化卵的方式不是用口孵卵？

A. 后颌鱼、非洲鲫鱼
B. 非洲慈鲷、天竺鲷
C. 翻车鱼

273. 下列哪一项不是后颌鱼用口孵化鱼卵的原因？

A. 鱼嘴中温度高，提升鱼卵的孵化率
B. 保护鱼卵，避免被其他鱼吃掉
C. 为了利用废卵

274. 鱼卵的孵化进度主要由下列什么因素决定？

A. 鱼妈妈的体温
B. 鱼爸爸的体温
C. 周围的环境

275. 鱼妈妈在鱼卵的孵化中有没有起到作用？

A. 没有
B. 有

276. 鱼妈妈对鱼卵孵化的作用体现在哪里?

A. 生殖洄游
B. 生产中
C. 孵化过程中给予体温

277. 大马哈鱼的生殖洄游过程是怎样的?

A. 非常平静
B. 充满凶险

278. 产卵量高的鱼,其鱼卵的成活率如何?

A. 很高
B. 很低

279. 鱼类的产卵量与鱼的护幼能力有关吗?

A. 有
B. 没有

280. 鱼类拥有这么大产卵量的原因是什么?

A. 为了增加其后代存活的概率
B. 鱼类的主观要求

281. 鲨鱼比恐龙还早出现吗?

A. 是
B. 不是

282. 鲨鱼有什么样的繁殖方式?

A. 卵生
B. 胎生
C. 卵生、胎生、卵胎生

283. 大白鲨的繁殖方式是哪种?

A. 卵生
B. 卵胎生
C. 胎生

284. 真鲨科鲨鱼基本上用什么繁殖方式?

A. 卵生
B. 卵胎生
C. 胎生

285. 孔雀鱼用什么方式形成受精卵?

A. 体内受精
B. 体外受精

286.成熟的孔雀鱼平均多久产1次卵?

A.3个月
B.2个月
C.1个月

287.下列哪一项是孔雀鱼排卵前的征兆?

A.喜欢和其他孔雀鱼待在一起
B.腹部会涨的很大
C.尾部的黑斑会变浅

288.小丑鱼的性别会产生变化吗?

A.会
B.不会

289.当小丑鱼中的领导者离开或是死亡,谁会变为雄性代替它?

A.雌性会变为雄性
B.无性别的小丑鱼变为雄性
C.没有鱼能够代替

290.小丑鱼的鱼卵通常是什么颜色的?

A.绿色
B.白色
C.橙色

291.小丑鱼们用尾巴在卵面上摆动,清扫杂物能达到什么目的?

A.使卵获得更多的氧气
B.给卵杀菌
C.使卵升温

292.成年食蚊鱼靠吃什么为生?

A.蚊虫
B.浮游生物
C.水草

293.食蚊鱼是什么鱼类?

A.淡水鱼类
B.咸水鱼类

294.冬天,食蚊鱼通过什么方式抵御寒冷?

A.钻进水底淤泥或藏在海草中
B.群聚在一起保暖
C.没有方法

295.关于青蛙的繁殖,下列哪一项说法是正确的?

A体外受精、体外发育、卵生
B.体内受精、体外发育、卵生
C.体内受精、体内发育、卵胎生

296. 青蛙和蟾蜍都属于哪个目的两栖动物？

A. 有尾目
B. 无尾目
C. 蚓螈目

297. 蟾蜍与青蛙的产卵时间，哪一个更早？

A. 蟾蜍的产卵时间
B. 青蛙的产卵时间

298. 青蛙卵一般呈什么形状产出？

A. 带状
B. 单个产出
C. 块状或片状

299. 青蛙的卵通常产在哪里？

A. 水中
B. 陆地上
C. 山洞中

300. 关于青蛙卵，下列哪一项说法是错误的？

A. 有一层透明的胶质
B. 通常有硬的外壳保护
C. 离开水容易干枯而死

301. 蛙类都把卵产在水中吗？

A. 是
B. 不是
C. 不全是

302. 下列哪种说法是错误的？

A. 蜂王的主要职责是酿造蜂蜜和照顾幼蜂
B. 蜂卵通常要历经卵、幼虫、蛹和成虫四个发育阶段
C. 蜜蜂是一种"孤雌生殖"的物种

303. 雄蜂是由什么样的蜂卵发育而成的？

A. 受精的蜂卵
B. 未受精的蜂卵

304. 在与雄蜂完成交配后蜂王所产的卵是什么样的？

A. 全是受精卵
B. 全是未受精卵
C. 既有受精卵也有未受精卵

305. 下列哪一项是工蜂的工作？

A. 产卵
B. 交配
C. 喂养蜂王和照料幼年蜜蜂

306. 大鲵的孵化期通常多久？
 A.2～3周
 B.8～9周
 C.7～8周

307. 大鲵的繁殖期通常在每年的什么时候？
 A.七八月间
 B.三四月间
 C.五六月间

308. 大鲵在繁殖期通常每次大约产多少卵？
 A.100粒
 B.200粒
 C.300粒

309. 野生大鲵的孵化和养育工作主要由谁负责？
 A.雌鲵
 B.雄鲵
 C.雌鲵和雄鲵共同协作完成

310. 水母的繁殖温度一般是多少？
 A.对温度没要求，任何温度都可以
 B.40～50℃
 C.5～30℃

311. 关于水母的繁殖方式下列哪种说法最科学？
 A.无性生殖
 B.有性生殖
 C.无性生殖和有性生殖结合

312. 水母以下列哪种方式受精？
 A.体外受精
 B.体内受精
 C.体内受精和体外受精都有

313. 关于水母繁殖，下列哪一项说法是错误的？
 A.水母的繁殖对水质、水温和水流方面都有要求
 B.水母不是卵生的
 C.水母的受精卵一般会附着在岩石上，在水流或者水温的刺激下开始分裂成水螅体

314. 关于蜘蛛的表述，下列哪一项说法是错误的？
 A.蜘蛛是我们常见的动物
 B.蜘蛛是一种昆虫
 C.雄蜘蛛的精子只能传给同种的雌蜘蛛

315. 雌蜘蛛的卵袋中通常可以容纳多少颗卵？

A. 仅1颗
B. 数百颗
C. 数千颗

316. 在小蜘蛛孕育的过程中雌蜘蛛通常会做什么？

A. 一步也不会离开，甚至随身携带着这个卵袋直到孵化完成
B. 产卵后就离开，不负责养育照顾小蜘蛛
C. 吃掉大部分的卵

317. 下列哪一项说法是错误的？

A. 大多数蜗牛是雌雄同体的软体动物
B. 大部分种类的雌性蜗牛和雄性蜗牛的体内均有卵子和精子
C. 蜗牛都是无性生殖的

318. 蜗牛的繁殖方式不包括下列哪一种？

A. 胎生
B. 卵生
C. 卵胎生

319. 蜗牛的繁殖期通常在什么时候？

A. 每年的5~11月
B. 全年都是繁殖期
C. 每年的1~2月

320. 关于蜗牛卵的孵化，下列哪一项说法是错误的？

A. 蜗牛卵的孵化期通常是2~4周
B. 蜗牛卵孵化时对湿度和环境没有要求
C. 最适合蜗牛卵孵化的温度为18~28℃

321. 昆虫的繁殖方式都是卵生吗？

A. 不全是
B. 全都是
C. 全都不是

322. 采采蝇的繁殖方式是什么？

A. 腺养胎生
B. 卵生
C. 胎生

323. 采采蝇的幼虫通常在何时会被产下？

A. 第1龄
B. 第2龄
C. 第3龄

324. 腺养胎生不是下列哪个科的动物所特有的繁殖方式？

A. 虱蝇科、蛛蝇科
B. 蛙科和蟾蜍科
C. 蜂蝇科和舌蝇科

Mr. Know All
互动问答 **答案**

001	002	003	004	005	006	007	008	009	010	011	012	013	014	015	016
A	A	B	C	B	A	A	C	A	B	C	A	A	B	A	C
017	018	019	020	021	022	023	024	025	026	027	028	029	030	031	032
A	A	C	B	B	B	C	A	C	A	A	A	A	B	A	B
033	034	035	036	037	038	039	040	041	042	043	044	045	046	047	048
A	B	A	C	A	A	A	B	C	A	A	C	B	A	B	B
049	050	051	052	053	054	055	056	057	058	059	060	061	062	063	064
A	C	A	C	B	B	A	A	B	A	A	C	A	B	B	A
065	066	067	068	069	070	071	072	073	074	075	076	077	078	079	080
A	A	C	B	A	C	A	C	A	B	A	A	A	C	C	B
081	082	083	084	085	086	087	088	089	090	091	092	093	094	095	096
A	C	B	A	B	C	A	B	C	A	C	A	C	A	C	A
097	098	099	100	101	102	103	104	105	106	107	108	109	110	111	112
C	A	B	A	B	A	B	A	B	A	B	A	C	A	B	B
113	114	115	116	117	118	119	120	121	122	123	124	125	126	127	128
A	B	C	B	C	A	C	C	A	B	A	A	C	A	B	C
129	130	131	132	133	134	135	136	137	138	139	140	141	142	143	144
A	C	A	C	B	A	B	A	B	C	B	A	A	B	A	C
145	146	147	148	149	150	151	152	153	154	155	156	157	158	159	160
B	A	B	C	B	B	C	A	A	B	A	A	C	B	A	C
161	162	163	164	165	166	167	168	169	170	171	172	173	174	175	176
B	A	B	A	C	A	A	C	B	A	A	A	C	A	B	A
177	178	179	180	181	182	183	184	185	186	187	188	189	190	191	192
C	A	B	B	A	A	B	C	C	A	C	B	B	C	B	A
193	194	195	196	197	198	199	200	201	202	203	204	205	206	207	208
B	B	C	C	A	B	A	C	B	A	A	B	A	B	A	C
209	210	211	212	213	214	215	216	217	218	219	220	221	222	223	224
A	B	A	A	B	A	C	A	B	B	A	C	A	C	A	B
225	226	227	228	229	230	231	232	233	234	235	236	237	238	239	240
A	C	B	C	C	A	C	B	A	A	B	C	A	B	C	A
241	242	243	244	245	246	247	248	249	250	251	252	253	254	255	256
B	C	B	B	A	A	B	C	A	C	A	B	B	C	A	C
257	258	259	260	261	262	263	264	265	266	267	268	269	270	271	272
B	C	A	A	B	A	B	A	C	C	B	A	A	C	B	C
273	274	275	276	277	278	279	280	281	282	283	284	285	286	287	288
C	C	B	A	B	B	A	A	C	A	C	A	C	B	A	A
289	290	291	292	293	294	295	296	297	298	299	300	301	302	303	304
B	C	A	A	A	A	B	C	B	A	C	B	A	B	C	C
305	306	307	308	309	310	311	312	313	314	315	316	317	318	319	320
C	A	A	C	B	C	C	A	B	B	A	C	A	A	B	C
321	322	323	324												
A	A	B	B												

鹌鹑蛋外形小巧,且有一些花斑。

乌鸦的蛋为灰绿色,并且还有一些褐色的斑点。

母鸡在孵蛋的时候总是喜欢坐在上面,是为了保持蛋的孵化温度。

小鸡会用自己坚硬的嘴,一点一点地啄破外壳。

大部分蛇将成熟的卵产下后,让卵在空气中自己成长。

鳄鱼通过下蛋的方式繁殖后代。

翻车鱼一次性产卵量可高达3亿之多。

大马哈鱼会通过洄游产卵。

雌蜘蛛会吐丝织成一个卵袋,来收纳产下的蜘蛛卵。

鱼子是鱼的卵。

蛋壳有多种颜色。

蛋由坚硬的外壳包裹着。

Mr. Know All

从这里，发现更宽广的世界……

Mr. Know All

小书虫读科学